服装实用技术·应用提高

内衣设计

徐芳　赵帅　**编著**

中国纺织出版社有限公司

内 容 提 要

本书为内衣设计的实用技术书，共六章，分别为内衣基本知识、内衣制板基础与制作工艺、内衣设计软件的应用、内衣材料的表现技法、内衣效果图绘制、系列化产品设计实例与分析。本书内容图文并茂、循序渐进、通俗易懂，突出理论知识与实践操作相结合。

本书专业性强，注重实践，可供内衣设计专业人士、职业院校师生及广大服装爱好者参考学习。

图书在版编目（CIP）数据

内衣设计 / 徐芳，赵帅编著． －－北京：中国纺织出版社有限公司，2023.11

（服装实用技术．应用提高）

ISBN 978-7-5180-6605-6

Ⅰ.①内… Ⅱ.①徐… ②赵… Ⅲ.①内衣－服装设计 Ⅳ.①TS941.713

中国版本图书馆 CIP 数据核字（2019）第 191276 号

责任编辑：朱冠霖　　责任校对：寇晨晨　　责任印制：王艳丽

中国纺织出版社有限公司出版发行

地址：北京市朝阳区百子湾东里 A407 号楼　邮政编码：100124

销售电话：010—67004422　传真：010—87155801

http://www.c-textilep.com

中国纺织出版社天猫旗舰店

官方微博 http://weibo.com/2119887771

北京通天印刷有限责任公司印刷　各地新华书店经销

2023 年 11 月第 1 版第 1 次印刷

开本：787×1092　1/16　印张：9.5

字数：200 千字　定价：58.00 元

前　言

内衣在国内起步较晚，有关内衣设计方面的图书仍不能满足社会需求。目前，大多服装专业院校还没有开设内衣设计专业，多数内衣设计师是从事服装设计的学习和工作后，再根据工作需要转型而来的。

内衣是最贴身的产品，穿着的舒适性直接影响着女性的身体健康。目前供女性选择的内衣品牌众多，内衣的舒适性及内衣板型直接决定着内衣企业的发展。

通过本书学习让读者对内衣知识有进一步的了解，并为后续内衣设计提供参考。本人为内衣企业在职人员，对国内内衣产品进行多年的分析和研究，从基本常识、工艺、原理、实例等方面对内衣产品设计加以总结并撰写成书。

本书在编写过程中，得到了成都律恩泽雅科技有限公司的大力支持，作为国内美体内衣行业的元老品牌，拥有十几年悠久制衣历史，以及雄厚的美体内衣制衣实力，用专业严谨的态度打造美体内衣，从重塑到精雕，从整体到局部，用创新与坚持，以及锲而不舍的突破，聚焦每一个细枝末节，不断前进发展。

由于笔者能力有限，书中难免存在不足之处，敬请广大读者批评、指正。

编著者
2023 年 3 月

目　录

PART

1

第一章

内衣基本知识

第一节 内衣的分类

女士内衣的分类较为复杂。按整体大致可分为文胸、内裤和功能性内衣。

一、文胸的分类

（一）按罩杯款型分

文胸按罩杯款型可以分为1/2罩杯、3/4罩杯、全罩杯及三角杯文胸。

1. 1/2罩杯文胸

大约包裹乳房一半面积的文胸为"1/2罩杯"文胸，这款文胸具有均匀的承托力，由于前幅边不受力，前中心及侧比位一般比较高，提升效果较差。通常可将肩带取下，成为无肩带文胸，适合搭配露肩的衣服，此款文胸适合胸部较小的人穿着（图1-1）。

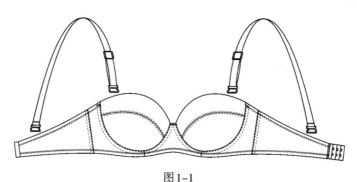

图1-1

2. 3/4罩杯文胸

上胸微露，包裹乳房约3/4面积的文胸为"3/4罩杯"文胸，这款文胸强调侧压力与集中力，是集中效果较好的款式，前中心一般为低胸设计（图1-2）。

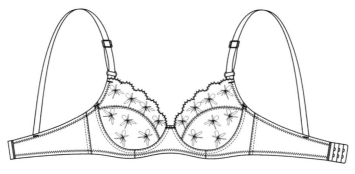

图1-2

3. 全罩杯文胸

包裹整个乳房的文胸为"全罩杯"文胸，这款文胸覆盖面积较大，包容全面，能保持乳房稳定挺实，适合胸部较丰满的人群（图1-3）。

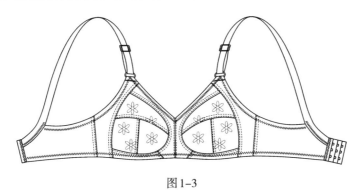

图1-3

4. 三角杯文胸

罩杯为三角形的文胸叫"三角杯"文胸，这款文胸覆盖面积较小，功能性弱，但美观性较好（图1-4）。

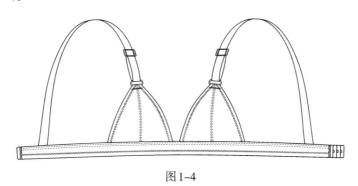

图1-4

（二）按工艺分

文胸按工艺可分为夹棉文胸、模杯文胸和立体文胸。

1. 夹棉文胸

夹棉文胸为薄型杯，透气性好，通过车缝工艺可完成各种杯型，适合胸部较丰满的女性穿着。有的罩杯使用单层或者比较薄的面料，里层贴身部分用棉布和其他面料贴合，再加罩杯面料组合而成（图1-5）。

2. 模杯文胸

罩杯通过模压工艺一次成型，杯表面无痕，材质通常为棉质，易与外衣搭配（图1-6）。

3. 立体文胸

在罩杯内部及侧部加厚棉来调整杯型，使罩杯呈立体效果，侧推力更强，能够对不同胸型进行调整，使其胸距更近，显得更加丰满（图1-7）。

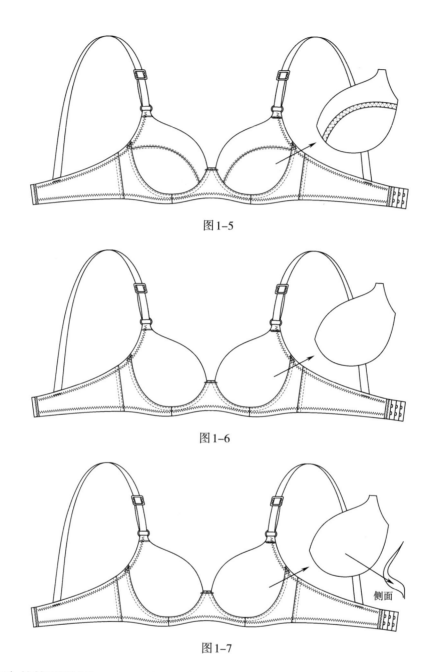

图 1-5

图 1-6

图 1-7

（三）按外形设计分

文胸按外形不同可分为无肩带文胸、魔术文胸、无缝文胸、前扣文胸、长束型文胸。

1. **无肩带文胸**

无肩带文胸多以钢圈支撑胸部，便于搭配露肩及无领性感的服饰（图 1-8）。

2. **魔术文胸**

魔术文胸在罩杯碗内侧装入杯垫，以提升并托高胸部，可表现完美胸型及加深乳沟。

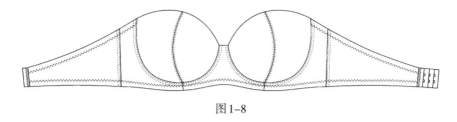

图1-8

3. 无缝文胸

无缝文胸罩杯表面需做无缝处理，或通过模压工艺使罩杯一次成型并加厚棉垫，胸下围和罩杯之间做无缝处理，适合搭配紧身服饰，如模压工艺的无缝文胸（图1-9）、针织无缝文胸（图1-10）。

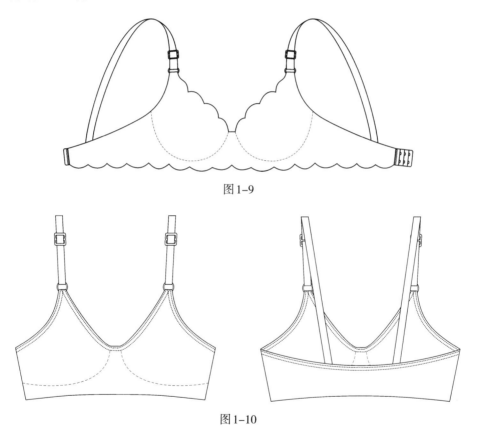

图1-9

图1-10

4. 前扣文胸

前扣文胸的钩扣安装于文胸前鸡心位置，便于穿着，也具有集中效果。前扣文胸大体分为两种，一种是前、后都有扣（图1-11）；另一种是只有前扣，后背无扣（图1-12）。

5. 长束型文胸

长束型文胸的下扒位比普通文胸要高，后比和钩扣位比普通文胸也要宽一些，这种款型的文胸包裹性更强，同时定型效果显著（图1-13）。

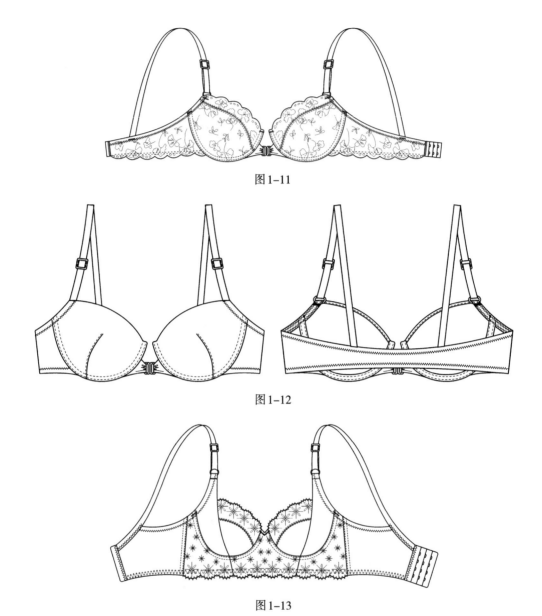

图1-11

图1-12

图1-13

（四）按功能和用途分

文胸按功能和用途可分为学生文胸、运动文胸、哺乳文胸。

1. 学生文胸

学生文胸罩杯比较小，无钢圈或者钢圈较软，适合发育阶段的少女穿着，多为背心款式（图1-14）。

2. 运动文胸

运动文胸面料以棉及性能较好的弹性面料为主，强调拉伸力、透气效果及舒适性（图1-15）。

3. 哺乳文胸

哺乳文胸是女性在给婴儿哺乳阶段穿着的文胸，一般为棉质，无钢圈，罩杯外侧面布可拆卸（图1-16）。

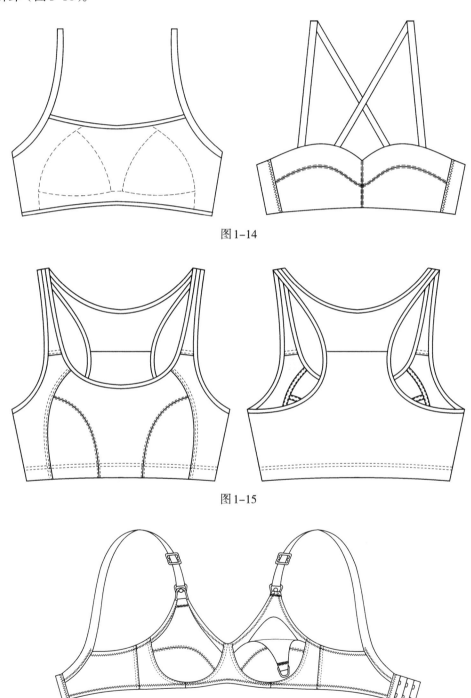

图1-14

图1-15

图1-16

二、内裤的分类

（一）按腰位高低分类

内裤可分为高腰裤、中腰裤、低腰裤（图1-17）。

高腰裤：包容量大，腰位高过腰线。

中腰裤：基本裤型，穿着舒适，适合不同年龄层。

低腰裤：又称迷你裤，表现性感，不适合腹部赘肉较多的人穿着。

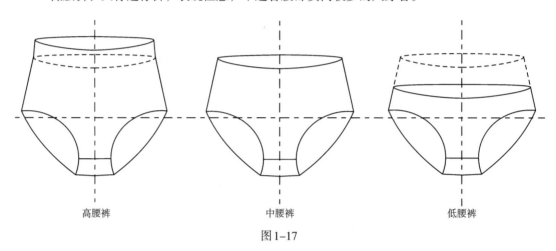

高腰裤　　　　　　　　　中腰裤　　　　　　　　　低腰裤

图1-17

（二）按脚口包容性分类

内裤可分为丁字裤、平脚裤、高脚裤（图1-18）。

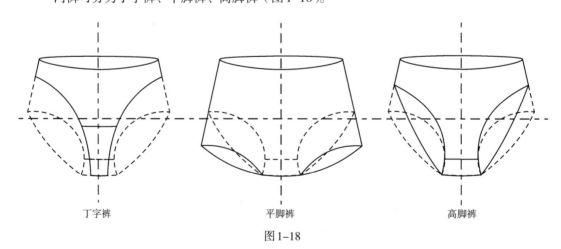

丁字裤　　　　　　　　　平脚裤　　　　　　　　　高脚裤

图1-18

丁字裤：透气性好，常用于夏季，穿着外裤时臀部不露内裤痕。

平脚裤和高脚裤：都可以作为运动裤型。

三、功能性内衣的分类

功能性内衣是指束裤、束衣，通过运用剪裁工艺、利用面料的弹性特点，对人体多余脂肪加强束缚，起美化形体的作用。

（一）束裤

束裤大体可分为重型束裤和轻型束裤。

1. **重型束裤**

重型束裤采用强性弹力面料，功能性较强，对特殊体型进行收腰、收腹、提臀进而改善体型（图1–19）。

2. **轻型束裤**

轻型束裤采用薄型、轻柔舒适的弹力面料，改善体型的同时减轻束缚感（图1–20）。

图1–19

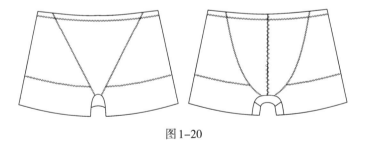

图1–20

（二）束衣

束衣可分为腰封、半身围、重型全身束衣、轻型全身束衣。

1. **腰封**

腰封能够对腰部脂肪进行压缩和改善，使腰部呈现完美曲线（图1–21）。

2. **半身围**

半身围也叫半身束衣，起支托胸部及压缩上腹的作用（图1–22），还有一种不带罩杯的半身束衣，就是通常所说的背背佳款式（图1–23）。

图1-21

图1-22

图1-23

3. 重型全身束衣

重型全身束衣采用强力弹性面料制作，可以全面美化胸、腰、臀三个部位，集"文胸""腰封""束裤"于一体，达到修饰三围曲线的作用（图1-24）。

4. 轻型全身束衣

轻型全身束衣采用薄型、轻柔舒适的弹力面料，对身体进行全面的适度修正。

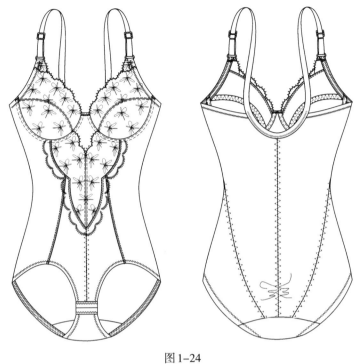

图1-24

第二节　内衣的结构

一、文胸的结构

　　文胸一般由胸部、肩部和背部三部分结构组成，下面对文胸各部位作详细的介绍（图1-25）。

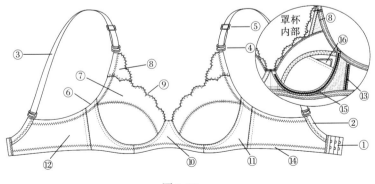

图1-25

①钩扣：用来调节下胸围的部件，根据不同的尺寸选择相应的钩扣，一般有三排扣可供选择。

②后U位：用来调节支撑后背肩带的设计。

③肩带：利用肩膀的支撑力量，对罩杯起到承托作用，可以进行长度调节。

④连接扣：连接肩带与文胸的环，根据形状不同有0字扣和9字扣两种，0字扣不可拆卸，9字扣根据需要可从文胸上拆卸下来。

⑤调节扣：用来调节肩带长度，形状为8字，故称为8字扣，通常与连接扣配套使用。

⑥上捆：采用弹性材料将人体侧面脂肪收束于文胸中，并起到固定作用；上捆中部靠手臂的位置叫作夹弯，起固定、支撑、收集副乳的作用。

⑦罩杯：文胸最重要的组成部分，有保护双乳、改善外观的作用。

⑧耳仔：连接罩杯与肩带的部位，通常会用肩带或者与肩带同宽的织带做扣襻，搭配连接扣，使罩杯与肩带成为一体。耳仔也可设计成短小的样式。

⑨前幅：即罩杯的上边缘将上乳覆盖于罩杯中，防止因运动而使胸部起伏太大，根据设计及工艺需求，里层会加缝小丈巾（织带）或者车缝其他面料。

⑩鸡心：在文胸的正中间部位，起定型作用。

⑪侧比：在文胸的侧部，起定型作用。

⑫后比：辅助罩杯承托胸部并固定文胸位置，一般用弹性强度较大的材料。

⑬胶骨：连接在后比与侧比的部位，一般采用塑胶材料外裹面料制成，起收缩、定型、固定的作用。

⑭下捆：位于文胸的下缘部位，长度由下胸围的尺寸确定，起到支撑乳房、固定文胸的作用。位于罩杯下方的下捆叫作下扒，起支撑罩杯的作用，防止乳房下垂，并可将多余的赘肉转移至乳房。

⑮钢圈：位于罩杯下缘，一般是金属材质，环绕罩杯半周，有支撑、改善乳房形状和固定位置的作用。

⑯杯垫：支撑和加高胸部，根据材质不同可分为棉垫、水垫、气垫。

二、三角裤的结构

三角裤的结构比较简单，通常由前幅、后幅、裆位（也叫裆）等构成（图1-26）。

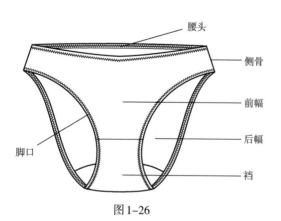

图1-26

（图中标注：腰头、侧骨、前幅、后幅、裆、脚口）

三、束裤的结构

束裤的结构较为复杂，详细结构如图1-27所示。

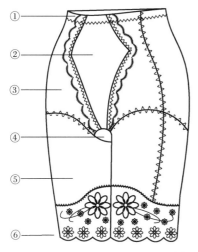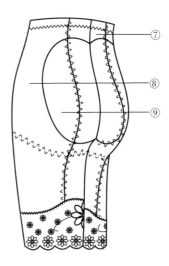

图1-27

①腰头：束裤的腰部，通常和丈根（松紧带）车缝在一起，起收缩定型的作用。

②前腹片：前腹片通常为面布和里布两层结构，面布一般采用亲肤面料，有时会用花边作装饰设计，里布一般采用定型纱或者双面无弹性经编面料，起收腹定型的作用。

③前侧片：束裤的侧部，起定型的作用。

④裆：束裤的裆位，由面布和里布构成，里布采用透气性较好的涤棉布或纯棉布。

⑤前片：收缩腿部赘肉，修饰形体。

⑥脚口：脚口用弹力花边，起固定和装饰作用。

⑦腰贴：腰部后侧附加的一层面料，增加腰部面料的弹力和回弹力。

⑧臀贴：起提臀作用，修饰形体。

⑨臀位：束裤的臀部，起定型作用。

四、半身束衣的结构

半身束衣通常由文胸向下延长下缘构成，上部结构和文胸类同，其他部位如图1-28所示。

①文胸：结构划分同文胸。

②前中片：此位置由面布和里布构成，里布采用无弹性面料，起定型和压缩上腹的作用。

③前侧片：根据款式设计的要求，里布可以采用定型纱或者网眼面料等，起定型和压缩上腹的作用。

④后幅：连接前部并固定束衣的部位，一般用弹性强度大的面料。后幅还可以加网眼布，以增加面料的弹力和回弹力。

⑤前侧骨位：根据款式和要求的不同，此位置可以加胶骨或者鱼鳞骨（钢骨），起收缩、定型作用。

⑥侧骨位：根据款式和要求的不同，此位置可以加胶骨或者鱼鳞骨。

⑦后侧骨位：根据款式和要求的不同，此位置可以加胶骨或者鱼鳞骨。

⑧下捆：位于束衣的底边，根据腰围的尺寸确定。

⑨钩扣：可以根据身体围度尺寸进行调节，一般有三排扣可供选择。

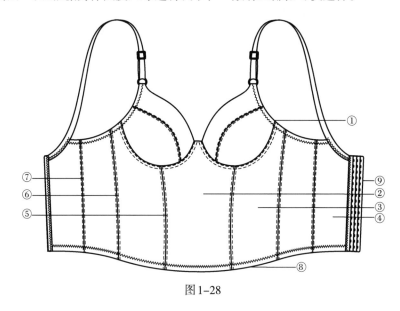

图1-28

第三节　内衣常用材料及特性

一、主要面料及特性

（一）莱卡

莱卡（lycra）成分为氨纶，美国杜邦公司（弹性纤维面料品牌）于20世纪60年代开发，以细密薄滑的质感和极好的弹性风靡内衣业界，伸展性好，能伸长5～7倍，回弹性极好。

（二）锦纶

面料柔软舒适，色彩鲜艳，但日光曝晒后易褪色。

（三）涤纶

面料的定型性及悬垂性都比较好，坚固耐磨，易洗快干，但透气性较差。

（四）棉

棉本身透气性和天然性佳，吸湿性佳，肤感好，其穿着感受显著优于其他面料。从美感上来说，平织棉布的印花效果和针织棉布的染色效果都比较好。缺点是易老化、发黄起毛，耐磨性、染色度、定型性差，面料弹性差。

（五）棉拉架

棉拉架是棉与弹性纤维混纺而成的一种面料，弹性大，透气吸湿性佳，柔软舒适，常用于文胸及内裤。

（六）汗布

棉或涤棉针织汗布，弹性小。常用于文胸里布及内裤裆位等贴体敏感部位，能够保证穿着的舒适性，透气吸湿，肤感较好。

（七）闪光拉架

弹性面料，富有缎面光泽，有较华丽的外观效果，主要用于文胸及内裤。

（八）滑面拉架

双向弹性面料，不同纱向弹性区别较大，其特点是回弹性好，主要用作文胸的比位、束裤、腰封及重型全身束衣。

（九）网眼布

双向弹性面料，不同纱向弹性区别较大，主要用于文胸、内裤及泳衣的外观设计用料，透气性好，穿着性感。厚的网眼布可用于束裤、腰封及重型全身束衣的里衬。

（十）双弹布

双向弹性面料，其特点是伸展性好，主要分为普通型、超细型和加防氯成分等品种。前两种主要用于文胸、内裤和轻型束衣，后一种用于泳装。

（十一）定型纱

无弹性，主要用作文胸的鸡心位和下扒位的定型及束裤、腰封的腹位内衬。

（十二）花边

又称蕾丝（lace），装饰性织物，有弹性和无弹性之分，可作面料使用在产品中或者作为装饰性点缀。

（十三）单面无弹经编面料

单面无弹性经编面料，轻薄柔软，具有悬垂性，主要用于内裤和夏季睡衣。

（十四）双面无弹经编面料

双面无弹性经编面料，可用于文胸的模杯面布，也可用于重型束裤和腰封的腹位，作为内衬使用。

（十五）贴棉

一般由涤丝棉或者薄海绵（3mm厚度）两边贴汗布或定型纱等制成，用作夹棉文胸的里贴，通过车缝等工艺制作成贴身的罩杯。

内衣使用的面料混纺较多，例如常见的棉与氨纶的混纺，锦纶与氨纶的混纺（就是通常所说的拉架及高弹布），以及经过特殊工艺处理的新型面料，例如莫代尔、大豆纤维、棉加丝、超细纤维等。

二、常用辅料及作用

（一）丈根（松紧带）

丈根用于文胸的上、下捆，内裤的腰头、脚口等部位。文胸常用的规格是1~2cm，内裤常用0.8cm，束衣、束裤多用1.2cm。文胸上捆位用的丈根宽度一般不会超过1.3cm，下捆位根据设计款式需求可以相应地加宽边缘处，需双面包裹可用包边条（常用规格为1.4cm）。

（二）肩带

肩带宽度随设计要求而定，常见规格为1~2cm。款式有普通型、花边型、细带组合型等（图1-29）。

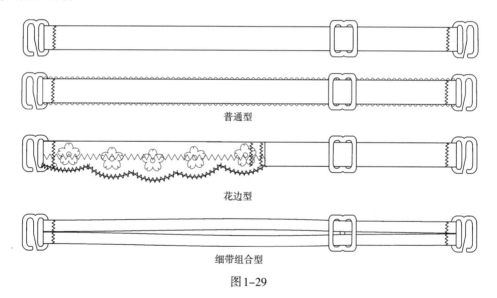

普通型

花边型

细带组合型

图1-29

（三）模杯

海绵通过模压工艺一次成型的罩杯（图1-30）。

（四）臀垫

臀垫是把海绵敷布通过模压工艺制作成的垫子，边缘较薄，中间较厚，一般用于三角裤和功能性内衣中，以弥补臀部不够丰满者的体型。

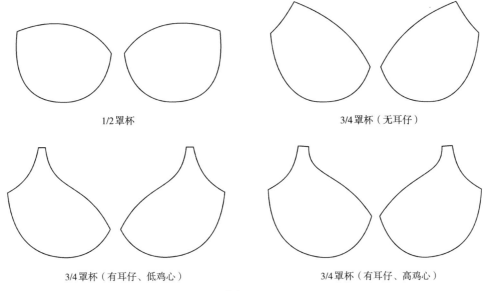

1/2罩杯 3/4罩杯（无耳仔）

3/4罩杯（有耳仔、低鸡心） 3/4罩杯（有耳仔、高鸡心）

图1-30

（五）花边、芽边

这里所说的花边、芽边指装饰性的辅料，不用作面料。一般的宽度规格不会超过2cm。

（六）捆条（包边条）

通常用于捆碗、捆侧比的成品条，切成一定的宽度，质地随工艺而定。例如捆碗的捆条常用毛布，宽度为3.8cm；夹棉的捆条常用汗布，宽度为2cm。

（七）纶骨带

捆碗（也叫钢圈套）、捆比的成品条，作用与捆条相同，可以替代使用。

（八）包边条

用于包边的成品带。

（九）胶骨

塑胶材质，常用于文胸的比位（侧面）及束身衣的骨位。外部用捆条包裹，也有用纶骨带代替捆条。

（十）鱼鳞骨

鱼鳞骨为钢质，常用于重型束身衣（腰封、半身围）的骨位，宽度通常为4~5mm，可根据设计工艺要求制订不同的长度规格（图1-31）。

（十一）肩带扣

肩带扣包括调节扣和连接扣，按形状可分为0字扣、8字扣、9字扣三种，尺寸规格同肩带，规格按扣内径计算（图1-32）。

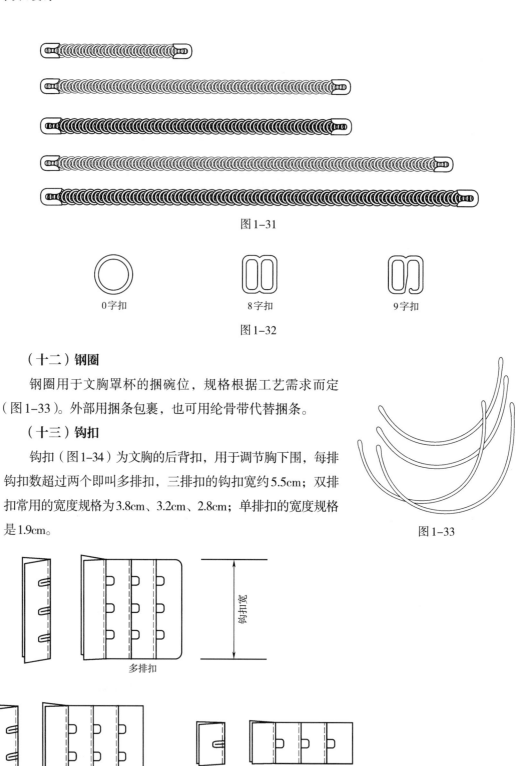

图1-31

0字扣　　　　　8字扣　　　　　9字扣

图1-32

（十二）钢圈

钢圈用于文胸罩杯的捆碗位，规格根据工艺需求而定（图1-33）。外部用捆条包裹，也可用纶骨带代替捆条。

（十三）钩扣

钩扣（图1-34）为文胸的后背扣，用于调节胸下围，每排钩扣数超过两个即叫多排扣，三排扣的钩扣宽约5.5cm；双排扣常用的宽度规格为3.8cm、3.2cm、2.8cm；单排扣的宽度规格是1.9cm。

图1-33

钩扣宽

多排扣

双排扣　　　　　单排扣

图1-34

此外，文胸的辅料还有鸡心位花饰、前扣等。

PART

2

内衣制板基础与
制作工艺

第一节　人体测量与内衣规格设计

一、人体测量

在商场，文胸有A杯、B杯、C杯、D杯之分，还有70、75、80及34B、36B等尺码划分；其他内衣产品如裤子会有S、M、L之分和64、70、76之分。在了解内衣尺码的分类之前首先需要学习内衣相关部位尺寸的测量与人体的关系（图2-1）。

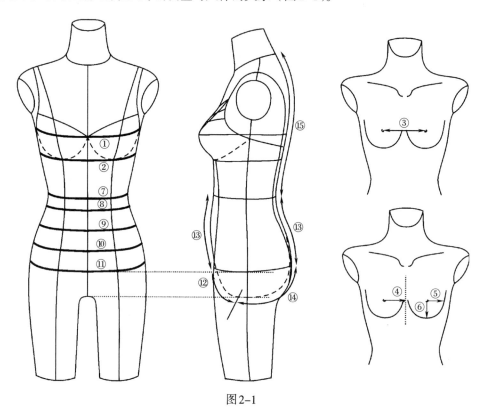

图2-1

①上胸围：人体胸部的最大周长，沿胸部最丰满处水平测量一周的尺寸。

②下胸围：人体胸部基底围的周长，沿胸基底处水平测量一周的尺寸。

③胸点距：人体胸部两个胸高点之间的水平距离。

④胸点至心位：人体胸高点至前中线（胸沟中心位）弧线距离。

⑤胸点至比位：人体胸高点至侧乳的弧线距离。

⑥胸高点至胸基底位：胸高点至胸基底位的弧线距离。

⑦腰围：人体腰部最细处水平测量一周的尺寸。

⑧肚脐围：肚脐处水平测量一周的尺寸。

⑨上腹围：肚脐向下5cm处水平测量一周的尺寸。

⑩下腹围：臀围向上5cm处水平测量一周的尺寸。

⑪臀围：人体臀部最丰满处水平测量一周的尺寸。

⑫前裆长：臀围线至裆底部的弧线距离。

⑬腰围线至臀围线距离：人体腰部最细处至臀部最丰满处的弧线距离。

⑭后裆长：裆底部到后部臀围线的弧线距离。

⑮背长：后颈点至腰部最细处的弧线距离。

二、内衣规格设计

（一）文胸

文胸的规格是由下胸围和杯型类型决定的。

1. 罩杯类型的选择

进行内衣设计首先要选择罩杯的类型。罩杯类型的划分是按照上胸围和下胸围尺寸的差值来划分的。相差10cm为A杯，相差12.5cm为B杯，相差15cm为C杯，相差17.5cm为D杯，依次类推，每增加2.5cm，则增大一个杯型。

2. 罩杯的测量

上胸围是胸部最丰满处的水平围度，下胸围为胸围底部身体的水平围度。用软尺在胸部最丰满处水平测量一周即上胸围的尺寸。例如，上胸围为85cm，下胸围75cm，上、下胸围差值是10cm，即为A杯，下围为75cm，那么测量尺码就是75A。

3. 文胸尺码对照

文胸尺码对照，如表2-1、图2-2所示。

表2-1　　　　　　　　　　　　　　　　　　单位：cm

测量部位与尺码分类	70A	75A	80A	85A
下胸围	70.0	75.0	80.0	85.0
上胸围	80.0	85.0	90.0	95.0
测量部位与尺码分类	70B	75B	80B	85B
下胸围	70.0	75.0	80.0	85.0
上胸围	82.5	87.5	92.5	97.5

续表

测量部位与尺码分类	70C	75C	80C	85C
下胸围	70.0	75.0	80.0	85.0
上胸围	85.0	90.0	95.0	100.0
测量部位与尺码分类	70D	75D	80D	85D
下胸围	70.0	75.0	80.0	85.0
上胸围	87.5	92.5	97.5	102.5

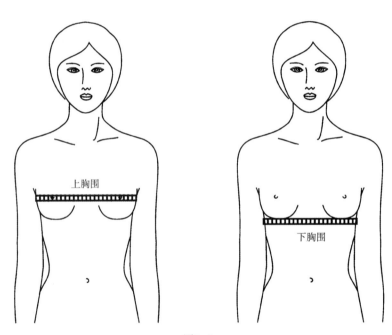

图 2-2

4. 人体胸部尺寸对照表

工业制板时会以文胸标准号型做参照，得到人体胸部细部尺寸，如表2-2所示。

（二）裤类

1. 裤子类型选择

裤子通常分为S、M、L码，以腰围来划分尺码。以女性标准人体为例，腰围64cm为M码，每增加6cm来区分一个尺码，即70cm为L码，以此类推。

表2-2　　　　　　　　　　　　　　　　　　　　单位：cm

对应部位	尺寸				
胸点距（以弯腰量为准直线）	下胸围	70	75	80	85	档差
	A	15.5	16.0	16.5	17.0	
	B	16.0	16.5	17.0	17.5	0.5
	C	16.5	17.0	17.5	18.0	
	D	17.0	17.5	18.0	18.5	

对应部位	尺寸				
胸点至心位（弧线）	下胸围	70	75	80	85	档差
	A	8.0	8.5	9.0	9.5	
	B	8.5	9.0	9.5	10.0	0.5
	C	9.0	9.5	10.0	10.5	
	D	9.5	10.0	10.5	11.0	

对应部位	尺寸				
胸点至比位（弧线）	下胸围	70	75	80	85	档差
	A	8.0	8.5	9.0	9.5	
	B	8.5	9.0	9.5	10.0	0.5
	C	9.0	9.5	10.0	10.5	
	D	9.5	10.0	10.5	11.0	

对应部位	尺寸				
胸点至比位（弧线）	下胸围	70	75	80	85	档差
	A	6.5	7.0	7.5	8.0	
	B	7.0	7.5	8.0	8.5	0.5
	C	7.5	8.0	8.5	9.0	
	D	8.0	8.5	9.0	9.5	

2. 裤子腰围尺寸的测量

人体腰部最细处水平测量一周的尺寸即为腰围。腰围尺寸64cm为M码、70cm为L码、76cm为XL码。

3. 裤子尺码对照

裤子尺码对照，如表2-3、图2-3所示。

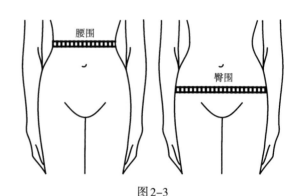

尺码分类	腰围	臀围
64（M）	60~70	85~93
70（L）	66~76	90~98
76（XL）	72~82	95~103
82（2XL）	78~88	100~108

表2-3　　　单位：cm

图2-3

4. 裤子规格分类

内裤按腰线的位置可分为高腰裤、中腰裤和低腰裤。

①高腰裤：制板腰位高于或者等于腰围线。高腰型的前后裤全长（前中长＋裆长＋后中长）在56cm以上，腰围线在肚脐围向上2cm以上的都是高腰裤。如图2-4所示，腰围线在腰线以上位置的都是高腰裤。

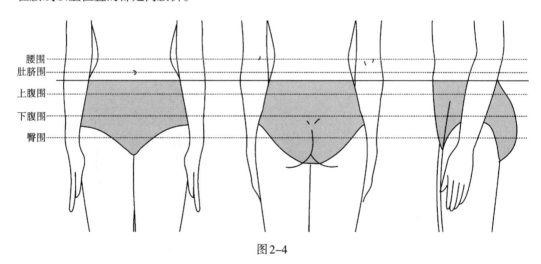

图2-4

②中腰裤：腰位位于腰围与上腹围之间。中腰型前后裤全长为46~55cm。即腰围线在肚脐围向下2.5cm至臀围线向上8cm之间的距离，图2-5中颜色较深位置。

③低腰裤：腰位在上腹围和下腹围之间。低腰型前后裤全长为36~45cm。即腰围线在臀围线向上7.5cm至臀围线向上3cm之间的距离，如图2-6所示。

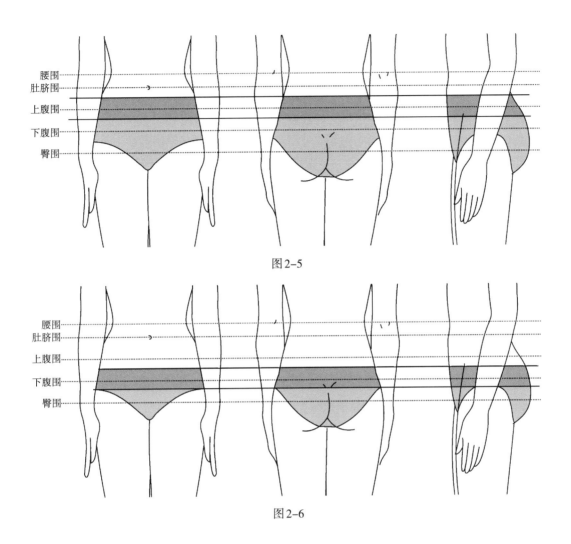

腰围
肚脐围
上腹围
下腹围
臀围

图2-5

腰围
肚脐围
上腹围
下腹围
臀围

图2-6

第二节　内衣成品测量

内衣成品的测量是对一件内衣成品外观尺寸标准的评估。在内衣工业化生产中内衣成品测量属于内衣的质检部分，不同的内衣种类成品测量的部位是不一样的。

一、文胸成品测量

文胸成品测量部位，如图2-7所示。

①下捆长度：自钩位边缘至第一个扣位的距离，如果是下捆弧度比较大的款式，则沿下捆布边测量。

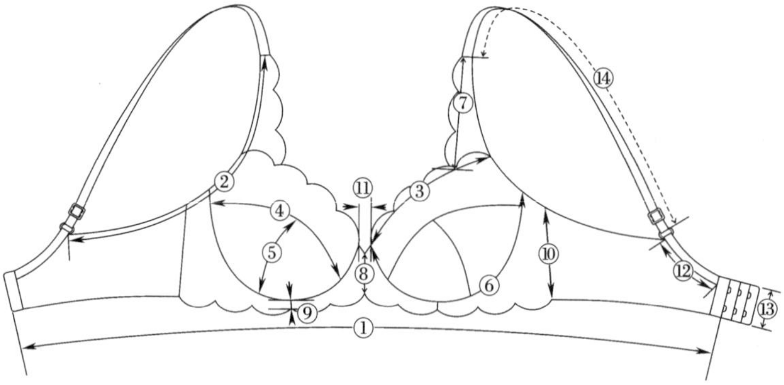

图2-7

②上捆长度：针对不同的款式，测量上捆长度的位置有所不同。有后比圈的款式，自肩带和后比的相接位至前耳仔与肩带的结合位的距离为上捆长度；无后比圈的款式，自后钩扣上端（不包括钩扣）至前耳仔与肩带的结合位的距离为上捆长度；半杯的款式，自后钩扣上端至前幅杯边（靠近比位的位置）的距离为上捆长度。

③杯边长度：罩杯上缘自鸡心位起始至侧幅边位的长度，测量时以布边为准，有花边的款式以花边低波计。

④杯骨宽：也叫夹碗线长，是罩杯横骨线的长度，沿弧线测量。

⑤杯骨高：罩杯纵骨线的长度，沿弧线测量。

⑥捆碗线长：上碗线的骨线长度，沿骨线按弧线测量；测量时要注意钢圈的虚位是否合适。

⑦耳仔长：杯边距肩带和耳仔的接位处的长度，有花边的款式以花边低波为测量标准。

⑧鸡心高：文胸的中心位置，以下捆布边的中心为准，垂直测量鸡心位；中间有骨线的款式以骨线长度计，有花边的款式以花边低波计。

⑨下扒高：下扒最窄的位置，垂直测量得到的高度，有花边的款式以花边低波计。

⑩侧骨高：以布边为准，沿骨线测量。

⑪鸡心宽：鸡心位最上端的宽度，水平测量。

⑫后比圈长度：钩扣上端距后比布和肩带接位布边的长度，沿弧线测量。

⑬钩扣宽：正常情况下同样款式的钩扣宽度是相同的，如果罩杯和码数较多会随罩杯和码数的加大而加宽（例如A杯、B杯、C杯的钩扣宽为3.8cm，D杯、E杯、F杯钩扣宽为5.5cm）。

⑭肩带长：成品文胸的肩带长度测量，需把8字扣位置调至肩带最长后进行测量。

二、三角裤成品测量

三角裤成品测量部位，如图2-8所示。

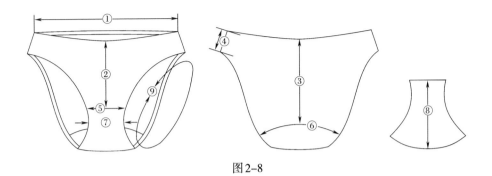

图2-8

①1/2腰头长：以腰头布边计，放平，沿弧线测量。

②前中长：以腰头中线为准至前裆线，垂直测量的长度。

③后中长：以腰头中线为准至后裆线的长度，垂直测量的长度。

④侧骨长：侧骨线的长度。

⑤前裆宽：沿前裆位骨线测量的长度。

⑥后裆宽：沿后裆位骨线的弧线测量得到的长度。

⑦裆最窄处：裆底最窄位置水平测量的长度。

⑧裆长：裆线的长度，放平测量的长度。

⑨脚口长：沿弧线边线测量一周的长度。

三、束裤成品测量

束裤成品测量部位，如图2-9所示。

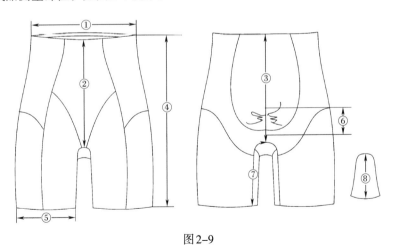

图2-9

①1/2腰头长：将腰头放平，以腰头布边计，沿弧线测量。

②前中长：自腰头中线至前裆线，垂直测量的长度。

③后中长：自腰头中线至后裆线，垂直测量的长度。

④裤长：自腰头线至脚口，垂直测量的长度。

⑤1/2脚口长：裤放平，以脚口布边计（脚口有花边以花边低波计），水平测量的长度。

⑥后中缩褶长：缩褶起点至缩褶结束点的长度。

⑦裆底骨线长：沿弧线测量的长度。

⑧裆长：裆放平，测量前、后裆线的距离。

四、半身束衣成品测量

半身束衣成品测量部位，如图2-10所示。

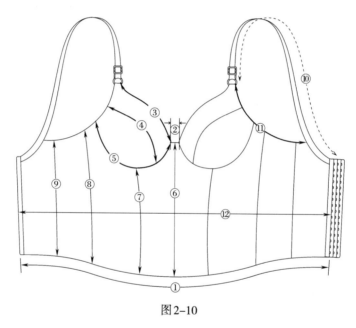

图2-10

①下捆长度：自钩位边缘至第一个扣位的距离，沿弧线测量。

②鸡心宽：鸡心位最上端的宽度，水平测量。

③杯边长度：罩杯上缘，自鸡心位起始至侧幅边位的长度，测量时以布边为准，有花边的款式以花边低波计。

④杯骨宽：罩杯横骨线的长度，沿弧线测量。

⑤捆碗线长：上碗线的骨线长度，沿骨线按弧线测量。

⑥鸡心高：以文胸鸡心的中点位置，垂直测量至下捆布边的中点位置，中间有骨线的款式以骨线长度计。

⑦下扒骨线长：沿前侧骨线测量的长度。

⑧侧骨长：以上、下捆布边计，沿侧骨线测量的长度。

⑨后侧骨线长：以上、下捆布边计，沿后侧骨线测量的长度。

⑩肩带长：把8字扣位置调至肩带最长后，测量肩带的长度。

⑪上捆长：肩带和后比的相接位至前耳仔与肩带的结合位的长度，沿弧线测量。

⑫束衣宽：衣放平，自腰部最细的位置水平测量，从钩位至第一个扣位的长度。

第三节　内衣结构制图术语

一、文胸

（一）结构线名称

文胸制图中共有十四条结构线，分别为：耳仔边线、前幅边线、夹弯线、夹碗线、下托骨线、上碗线、鸡心上线、鸡心中线、下扒线、上捆线、下捆线、侧骨线、后比夹弯线、钩扣线，文胸裁片图，如图2-11所示。

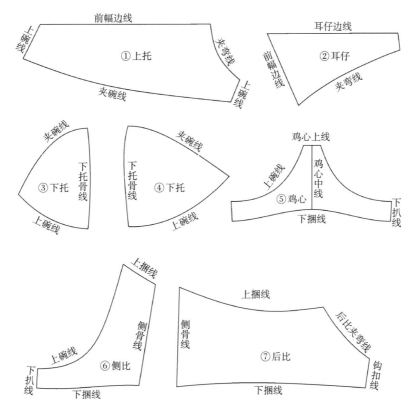

图2-11

（二）款式图中结构线对应的位置

将文胸裁片的结构线连接起来（图2-11），与图2-12中文胸的款式图一一对应。

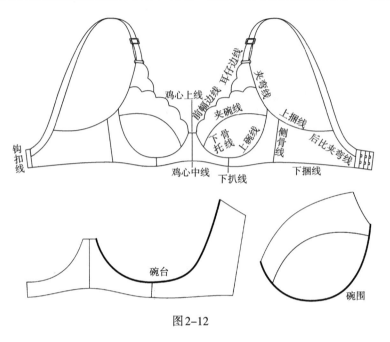

图2-12

构成碗杯部分的上碗线之和为碗围，即上托和下托的上碗线弧线长度的总和。构成下扒部分的上碗线之和为碗台，即鸡心和侧比的上碗线弧线长度的总和。正常情况下碗围和碗台的尺寸要相等。

二、三角裤

（一）结构线名称

三角裤制图中共有十条结构线，分别为：前腰头线、后腰头线、前中线、后中线、侧缝线（侧骨线）、前脚口线、后脚口线、前裆线、后裆线、裆长线，如图2-13所示。

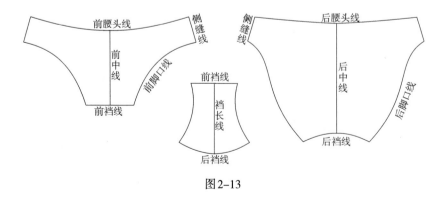

图2-13

（二）款式图中结构线对应的位置（图2-14）

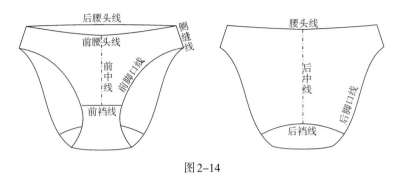

图2-14

三、半身束衣

（一）结构线名称

有罩杯的半身束衣分为下捆部位和罩杯部位，罩杯部位的结构线与文胸相同。

1. 下捆部位结构线

下捆部位包括下扒位和后比位，制图中共有十二条结构线，分别为上碗线、上捆线、后比夹弯线、下胸围线、腰节线、前中线、前中骨线、侧骨线、后侧骨线、后中线、底摆线、下捆线，如图2-15所示。

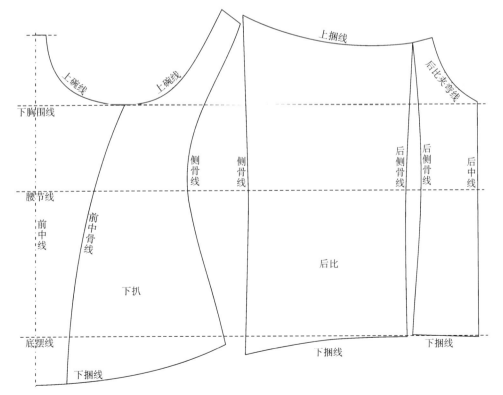

图2-15

2. 罩杯部位结构线

罩杯部位分为杯里布和杯面布两部分。杯里布制图中共有八条结构线，分别为杯边线、夹碗线（两条）、夹弯线、杯里贴边线、上碗线（三条）。杯面布制图中共有六条结构线，分别为杯边线、夹弯线、上碗线（两条）、碗骨线（两条），如图2-16所示。

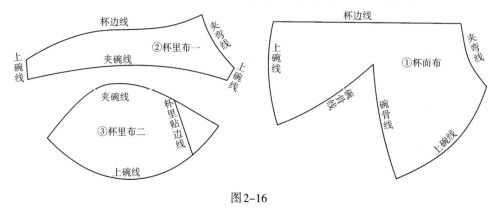

图2-16

（二）款式图中结构线对应的位置（图2-17）

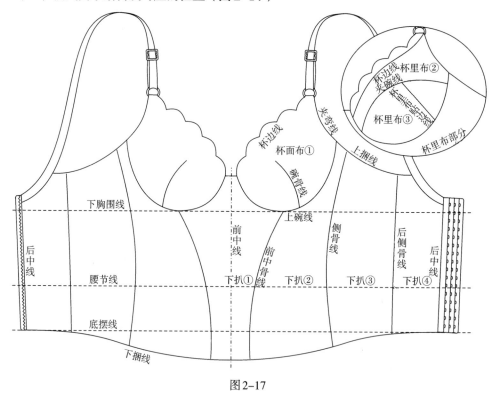

图2-17

四、束裤

（一）结构线名称

功能性较强的束裤通常由面布部分和里贴部分构成，虚线表示里贴线，灰色部分是里贴。制图中共有十七条结构线，分别为前（后）腰头线、前中线、前侧贴边线、侧骨线、前幅骨线、内侧缝线、前脚口线、后侧骨线、后幅贴边线、后脚口线、后中线、后臀贴边线、前裆线、裆线、裆中线、后裆线，如图2-18所示。

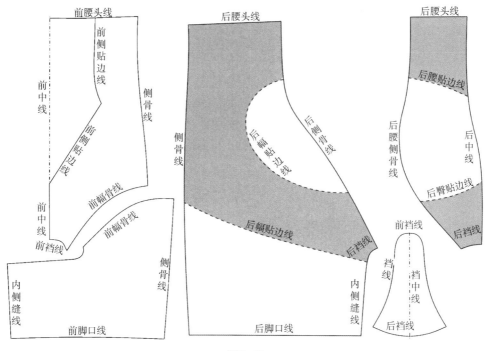

图2-18

（二）款式图中结构线对应的位置（图2-19）

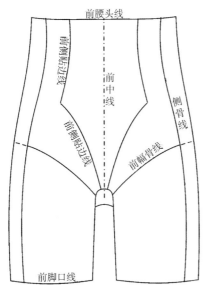
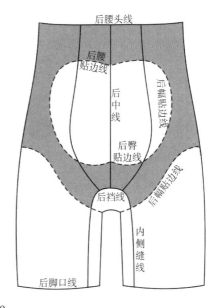

图2-19

第四节　内衣裁片名称和纱向

在裁剪内衣时，一般以面料弹力较大的方向作为人体穿着时的横向。

一、文胸各裁片的名称和纱向

以夹棉文胸为例，其正、反面结构和裁片纱向如图2-20～图2-22所示。

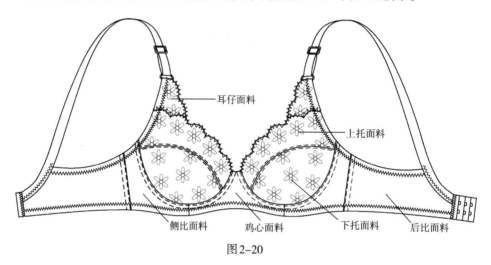

图2-20

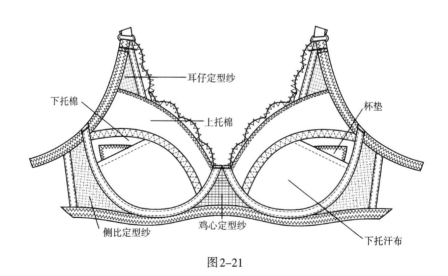

图2-21

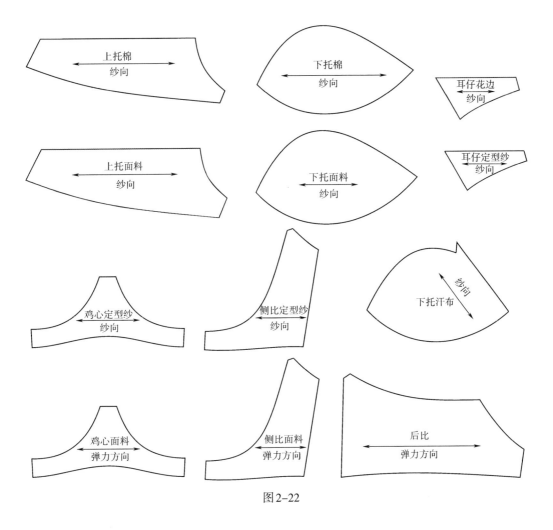

图 2-22

二、三角裤各裁片的名称和纱向

以图 2-23 中的三角裤结构为例，其裁片的纱向通常为面料的弹力方向，一般是水平拉伸的方向。裆的里贴汗布纱向方向为面料布纹方向，如图 2-24 所示，分别为三角裤前幅、后幅、裆的纱向方向。

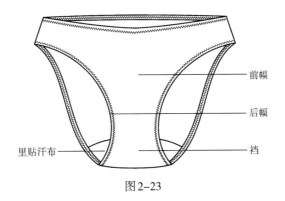

图 2-23

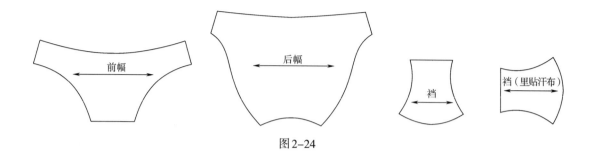

图 2-24

三、束裤各裁片的名称和纱向

束裤面料以弹力面料为主，束裤的前中部位是由两层构成，表层面料和里层面料通常用无弹面料，起到收腹定型的作用。束裤前身结构的裁片如图2-25所示，后身结构裁片如图2-26所示。

束裤裆的里贴用料为汗布或者是纯棉布，纱向为布纹方向（图2-25）。后幅、后臀贴和后腰贴一般采用网眼面料，纱向为面料弹力方向（图2-26）。

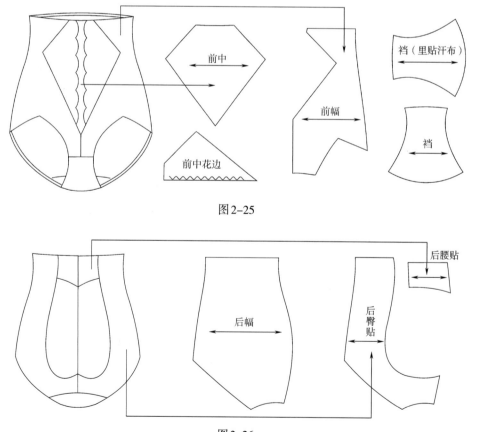

图 2-25

图 2-26

束身衣、连体衣使用的面料纱向选择是弹力较大的方向，该方向是人体着装后的横向。前腹片收腰收腹部位用无弹性面料，如用单弹面料，纱向可选择面料的无弹方向。

第五节　内衣缝制工艺常用词汇及说明

1. 夹缝（平缝）

夹缝是指两层或者多层裁片一起车缝。常用在文胸制作工序夹碗、夹下托、夹下扒、绱碗、缝花边、丈根等；裤类制作工序的夹侧骨、夹裆位、夹花边。一般的夹缝要求始口缝头对齐，止口线迹均匀。止口容易断线的位置需要回针。

2. 走线

走线也叫假缝，一般针距较大，作为两片裁片的连接固定，常用工序有文胸的鸡心和侧比位面布和定型纱的缝制、罩杯面布和里布的假缝及裤裆位里贴的定位。这种初步的定位线迹比较稀，针距较大，在面布的正面沿裁片边缘平缝。

3. 襟骨

襟骨是在夹缝或走线的基础上车缝第二道线迹。常用工序有文胸的襟碗骨、襟下扒、襟碗边、襟丈根。常用的缝纫机有单针、双针、三针，用三针人字线迹缝纫机车缝丈根时要求丈根部分拉开后车缝线迹不能拉断。

4. 捆

捆是指在裁片缝合的位置缉缝捆条，裁片的缝头通常倒向一边。根据工艺要求有时缝捆条，常用双针线缝纫机。

5. 劈开缝

开是指将车缝后的裁片缝头向两边拨开，然后将两边缝头固定在裁片上。常用工序中双针居多，束身类产品开骨通常用三针。文胸最常见的就是双针开骨，对于要缝捆条的款式，要求捆条中间位对准骨线，常用缝纫机双针居多。

6. 踏

踏是指两块裁片一层放到另一层上面，重合后用人字缝和月牙缝进行缝制。常用于文胸的踏花边、踏耳仔、踏碗等工序；裤类的踏花边、踏底裆等工序。踏多用于束身产品。相踏位要求始点和终点对齐、相踏均匀，用人字车、坎车居多。对于坎车相踏的款式，要先用单针定位。

7. 落

落是指车缝固定丈根、车缝固定花边等工艺。常用人字车、三针车、坎车。

8. 包

包指包边，包贴止口。常用于文胸的包碗边、包上捆、包夹弯等工序；裤类的包腰头、包脚口等工序。常用人字车、坎车、单针车。

9. 轧

用轧骨机（码边机）缝制的工艺称为轧骨，例如文胸的轧棉边、裤子的轧侧骨、轧裆位等。

第六节　内衣常用缝纫机种及工艺解析

一、缝纫机种介绍

内衣缝制过程中常用的缝纫机及对应线迹，见表2-4。

表2-4

缝纫机种（后简称车）		缝纫线迹图示
单针车		- - - - - - - - - - - - - - -
双针车		- - - - - - - - - - - - - - -
人字车		VVVVVVVVVVVVVVV
三针车		三针车线迹
轧骨车	三线轧骨车	三线轧骨车线迹
	四线轧骨车	四线轧骨车线迹
坎车	三线坎车	三线坎车线迹
	四线坎车	正面 四线坎车正面线迹
		反面 四线坎车反面线迹
打枣车（加固缝）		打枣车线迹
月牙车		月牙车线迹

二、内衣常用缝纫机种介绍及工艺图解

（一）单针车

1. 用途

一般用于走线、夹缝、走纱、定位、绱碗、笠碗、压线等缝制工艺。

2. 常用缝制工艺实例图解

（1）平缝（夹缝）：将两片或者两片以上的裁片车缝在一起（图2-27）。

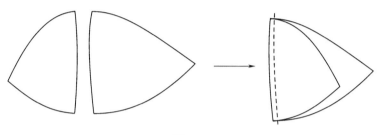

图2-27

（2）压线：一般是将裁片平缝后缝头倒向一侧，沿裁片正面距缝边（骨位边）0.1cm车缝（图2-28）。

（3）笠碗：沿罩杯棉边落线（图2-29）。

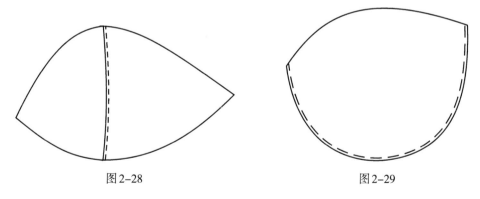

图2-28　　　　　　　　　　　　　　　　图2-29

（4）走纱：一般沿面布、里布的边缘进行缝制（图2-30）。

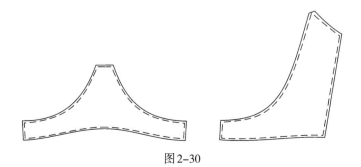

图2-30

3. 工艺说明

正常平缝、绱碗、压面线的针数是10针/2.1cm，走线、走纱、笠碗的针数较稀，一般为10针/4.2cm。

（二）双针车

1. 用途

一般用于开骨、捆骨等，如开碗骨、捆碗骨、捆比、捆碗、捆碗前幅、捆鸡心上端等工序。

2. 常用缝制工艺实例图解

（1）捆比和捆碗：捆比，需要将捆条缝在侧比上，然后装胶骨（图2-31）；捆碗，碗底需要将捆条缝在罩杯底部，然后穿钢圈（图2-32）。

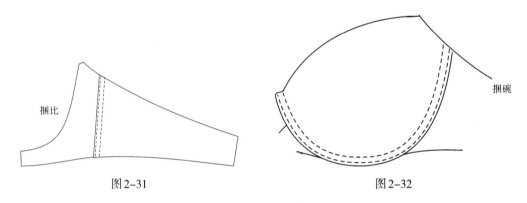

图2-31　　　　　　　　　　　　　图2-32

对于不落胶骨和不入钢圈的款式，可以选用比较小的针距和比较薄的捆条，具体应用根据设计和工艺要求确定。

（2）开骨、捆骨：开骨是将罩杯的上托和下托平缝后，劈开缝份，分别将其平缝在上托和下托上（图2-33）。捆骨是将罩杯的上托和下托平缝后，使缝份倒向一侧，然后将捆条附在缝份上平缝（图2-34）。

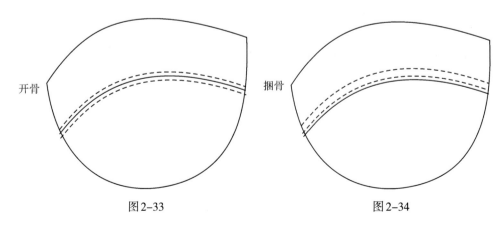

图2-33　　　　　　　　　　　　　图2-34

3．工艺说明

正常情况下双针平缝的针数是10针/2.1cm，两条线迹之间的宽度根据不同的工艺要求而定，一般常用双针宽度有0.32cm、0.48cm、0.64cm、0.72cm。双针宽度为0.32cm的针距一般用于捆罩杯前幅边、捆碗边、捆鸡心顶、捆鸡心下（倒捆碗的款式），以及开文胸的碗骨（不入钢圈的款）。0.48cm的针距用得比较多，最常应用于捆文胸的碗（用于穿钢圈）、开碗骨，以及驳比（对于不入胶骨或者是胶骨比较细的款式）。0.64cm的针距一般用于捆比，用于入胶骨或者入较细的鱼鳞骨。0.72cm最常用于功能性内衣，如调整型腰封、束衣、束裤等的捆骨位，用于入鱼鳞骨或胶骨。

（三）人字车

1．用途

用于落、襟丈根。对于文胸，如落下捆丈根、襟下捆丈根、落上捆丈根、襟上捆丈根、落后比肩带、襟前幅、落花边、钉肩带、锁钩扣等工艺；对于三角裤、束裤及一些功能性内衣，如落腰头丈根、襟腰头丈根、落脚口丈根、襟脚口丈根；用在文胸、裤类产品的包边工艺等。

2．常用缝制工艺实例图解

（1）落花边（图2-35）。

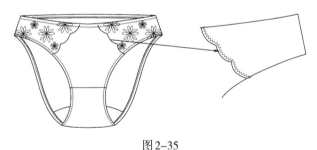

图2-35

（2）落丈根、襟丈根（图2-36）。

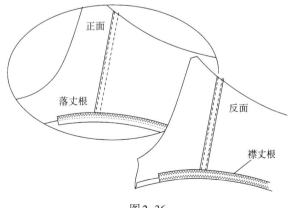

图2-36

（3）落后比肩带、锁钩扣、包边（图2-37）。

（4）人字踏落花边（图2-38）：多用于文胸杯边、束裤的脚口等位置。

（5）钉肩带（图2-39）：此缝制工艺也可以用打枣代替。

（6）人字驳线：对于装鱼鳞骨或者较硬胶骨的内衣产品，人字线需要避开骨位，称驳线，或者驳骨位（图2-40）。

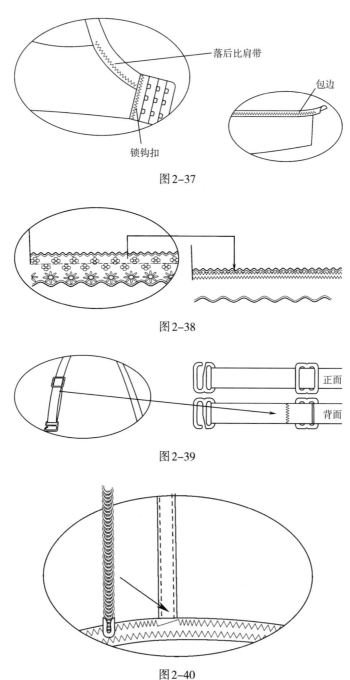

图2-37

图2-38

图2-39

图2-40

3. 工艺说明

人字缝迹最常用的针数是 5 针 /1.3cm，用于襟、落丈根、襟前幅、落后比带等工艺；缝迹针数在 5 针 /0.8cm，用于钉肩带、锁丈根、锁钩扣等工艺。针距一般为 0.3cm，也有 0.2cm、0.4cm，根据设计要求而定。

（四）三针车

1. 用途

用于文胸的夹棉、襟前幅，落上捆丈根、下捆丈根，落三角裤的腰头、脚口丈根，踏落花边及束身衣开骨等工艺。

2. 常用缝制工艺实例图解

（1）三针踏落花边：一般多用于束裤的脚口（图 2-41）。

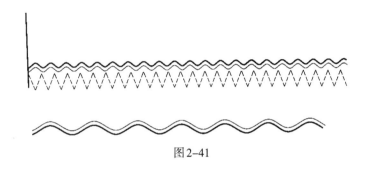

图 2-41

（2）夹棉：用于罩杯棉位的拼合（图 2-42）。

（3）落丈根：用于落裤腰头及脚口丈根，襟前幅边、罩杯位边的工艺（图 2-43）。

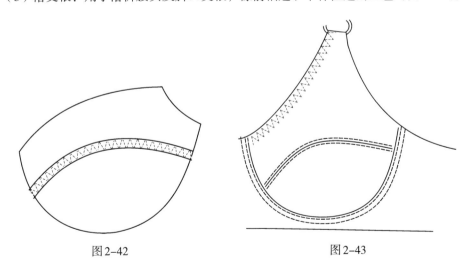

图 2-42　　　　　　　　　图 2-43

3. 工艺说明

三针车常用针数为 5 针 /2.5cm 或 5 针 /2.8cm。针距正常情况下为 0.5cm、0.8cm，也有 0.4cm，根据设计要求而定，常见文胸的针距为 0.8cm。

（五）三线轧骨车

1. 用途

用于文胸轧棉边，包轧上捆、下捆，裤类轧侧骨，包轧腰头、脚口丈根。

2. 常用缝制工艺实例图解

（1）轧棉边：用于文胸罩杯杯口的棉边（图2-44）。

（2）包轧丈根：多用于此款式泳裤，通常第一道工序为包轧丈根，第二道工序为坎车或人字压面线（图2-45）。

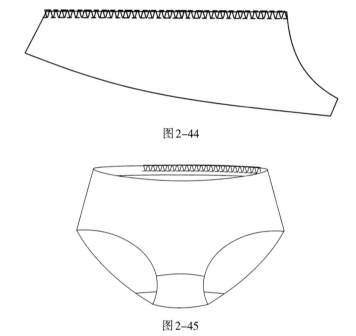

图2-44

图2-45

3. 工艺说明

三线轧骨针数为10针/1.7cm或10针/2.0cm，针距为0.3cm。

（六）四线轧骨车

1. 用途

四线轧骨多用于裤类轧侧骨、轧裆位等工艺。

2. 常用缝制工艺实例图解

常用工序为轧底裆和轧侧骨（图2-46）。

3. 工艺说明

四线轧骨针数为10针/1.7cm或10针/2.0cm，针距为0.5cm。

（七）三线坎车

1. 用途

用于束裤、束衣相踏位的压线；文胸及裤类产品的包边工艺，去掉正面中线用于男装、泳衣的包轧位的第二道压线，以及花边裤的腰头、脚口。

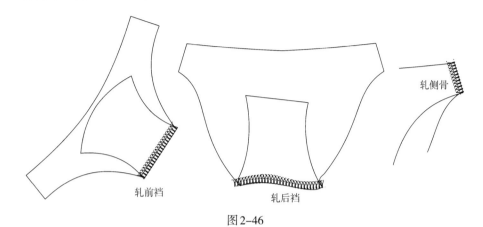

图 2-46

2. 常用缝制工艺图解

（1）坎车包边（图 2-47）。

（2）坎车拉腰头、拉脚口（图 2-48）。

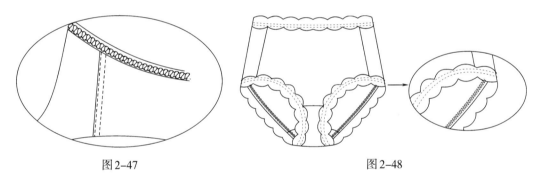

图 2-47　　　　　　　　　　　　　　　图 2-48

3. 工艺说明

三线坎车针数为 10 针 /1.7cm 或 10 针 /2.0cm，针距为 0.3cm。

（八）四线坎车

1. 用途

四线坎车多用于男裤压裆位、坎腰头、坎脚口等工艺。

2. 常用缝制工艺图解

腰头部位用四线坎车缝制（图 2-49）。

3. 工艺说明

四线坎车针数为 10 针 /1.7cm 或 10 针 /2.0cm，针距为 0.5cm。

（九）打枣车

1. 用途

内衣加固位置，常用在钢圈位捆条的两端、功能性内衣的捆骨位捆条末端、文胸入肩带位、内裤丈根相接位置等。

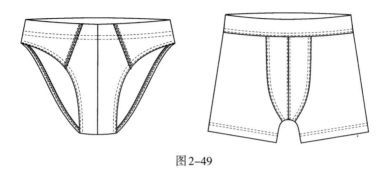

图 2-49

2. 常用缝制工艺图解

打枣常用于封闭丈根及材料的接缝位（图2-50～图2-52）。

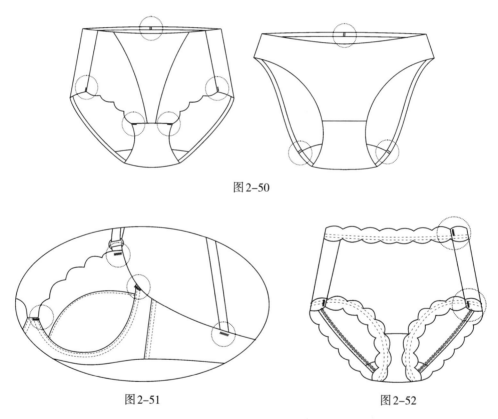

图 2-50

图 2-51   图 2-52

对于轧骨后需要打枣的部位，一定要收线尾后再打枣，以防穿着后止口散开（图2-53）。对于面料较薄的款式，有用单针回针代替打枣。对于人字驳线位可根据工艺要求用打枣代替（图2-54）。

3. 工艺说明

打枣尺寸按设计工艺需求而定，常用的钢圈位及内裤丈根位的加固尺寸为1cm，文胸肩带位打枣尺寸同肩带宽度。

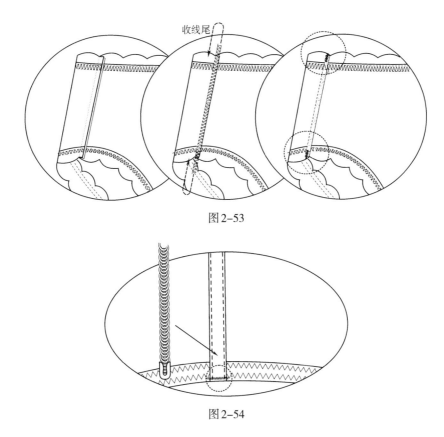

图2-53

图2-54

（十）月牙车

1. 用途

月牙缝是由多功能电脑缝纫机按工艺需要调试出的线迹，常用于束身衣、束裤的相踏位置，以及有里贴的位置。

2. 常用缝制工艺图解

月牙缝常用于美体内衣的相踏位和里贴位的缝制（图2-55）。

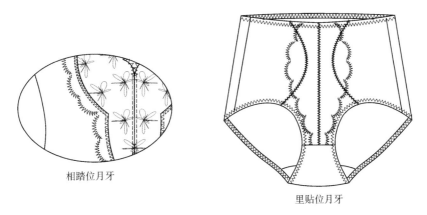

相踏位月牙　　　　　里贴位月牙

图2-55

3. 工艺说明

针距和针数根据设计工艺要求而定，最常见的针数2针/4.0cm。

（十一）钉花缝

钉花缝用于文胸、三角裤和束衣等产品钉花，也用于文胸碗杯位花边的定位（图2-56）。

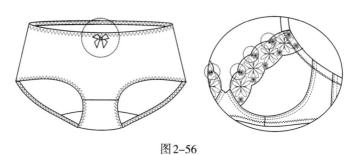

图2-56

PART

3

第三章

内衣设计软件的应用

第一节　内衣设计应用软件介绍

目前用来进行内衣设计常用的平面设计软件有CorelDRAW、Adobe Illustrator、Photoshop，即通常我们所说的CD、AI、PS。

CorelDRAW和Adobe Illustrator是矢量设计软件，可以随意放大缩小而清晰度不变。矢量图最大的优点是放大到任何程度都能保持清晰，主要用于设计线稿图及工艺图。如图3-1所示为线稿图，如图3-2所示为工艺图。

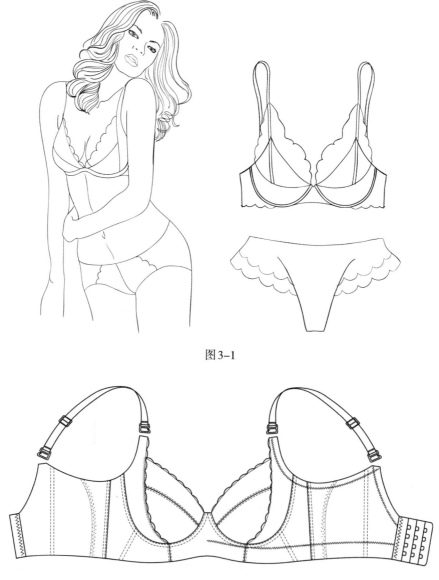

图3-1

图3-2

Photoshop软件的优点是具有丰富的色彩及超强的功能，缺点是文件过大，放大后清晰度会降低，通常用于配色与设计效果图。

在设计制图中通常需要应用多种软件达到设计所要求的表现效果。在实际操作中，设计师通常习惯选用CD或AI中的一种。在设计的表现技法上会用手绘勾勒的线条图扫描后由PS做调色处理制作成效果图，也会通过AI或CD做线稿图再转成psd或者jpg格式，然后用PS进行效果图处理。

第二节　Adobe Illustrator 功能与应用

Adobe Illustrator常被称为"AI"，是一种应用于出版、多媒体和在线图像的工业标准矢量插画软件，作为一款非常好的矢量图形处理工具，该软件主要应用于印刷出版、海报书籍排版、专业插画、多媒体图像处理和互联网页面的制作等，也可以为线稿图提供较高的精度，适合任何小型设计或大型复杂项目。

一、操作界面介绍

（一）主界面介绍

打开AI软件，进入系统主界面，如图3-3所示。

图3-3

（二）界面及窗口介绍

如图3-4所示，顶部的红色区域是菜单栏。绿色的竖长条为工具栏，所有绘图工具都从这里调用。中间大块的深灰色部分就是图像区，用来显示制作中的图像。靠右边的黄色部分为调板区，用来安放制作需要的各种常用的调板，也可以称调板为浮动面板或面板。没有出现的面板可以通过菜单栏的窗口打开。

菜单栏

工具栏

调板区

图像区

图3-4

界面中除了菜单的位置不可变动外，其余各部分都是可以自由移动的，可以根据自己的喜好安排界面。调板在移动过程中有自动对齐其他调板的功能，可以让界面看上去比较整齐。

（三）工具栏介绍

如果工具图标的右下角带有一个小三角形，则按住鼠标按键可看到隐藏的工具，然后点按要选择的工具。按工具的键盘快捷键，键盘快捷键显示在工具提示中，如图3-5所示。

主要工具的应用方法如下：

（1）使用基本绘图工具时，在工作区中单击可以弹出相应的对话框，在对话框中对工具的属性可以进行精确的设置。

（2）按Alt键单击工具循环选择隐藏工具，双击工具或选择工具并按回车键显示选定工具所对应的选项对话框。

（3）按下Caps Lock可将选定工具的指针改为十字形。

（4）从标尺中拖出参考线时，按住鼠标按下Alt键可以在水平或垂直参考线之间切换。

（5）选定路径或者对象后，打开视图—参考线—建立参考线，使用选定的路径或者对象创建参考线，释放参考线，生成原路径或者对象。

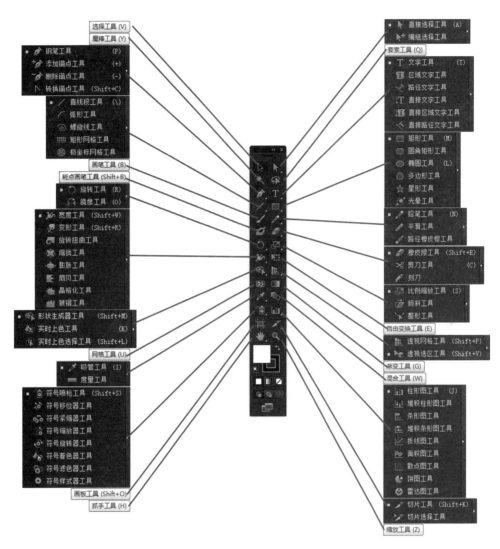

图3-5

（6）对象—路径—添加锚点，即可在所选定路径每对现有锚点之间的中间位置添加一个新的锚点，因此使用该命令处理过的路径上的锚点数量将加倍。所添加锚点的类型取决于选定路径的类型，如果选定路径是平滑线段，则添加的锚点为平滑点；如果选定的路径是直线段，则添加的锚点为直角点。

（7）使用旋转工具时，默认情况下，图形的中心点作为旋转中心点。按住 Alt 键在画板上单击设定旋转中心点，并弹出旋转工具对话框。在使用旋转、反射、比例、倾斜和改变形状等工具时，都可以按下 Alt 键单击来设置基点，并且在将对象转换到目标位置时，都可以按下 Alt 键进行复制对象。

（8）再次变换：Ctrl+D。

（9）使用变形工具组时，按下 Alt 键并拖动鼠标调节变形工具笔触形状。

（10）包含渐变、渐变网格、裁切蒙板的对象不能定义画笔。

（11）剪切工具：使用该工具在选择的路径上单击起点和终点，可将一个路径剪成两个或多个开放路径。

（12）裁刀工具：可将路径或图形裁开，成为两个闭合的路径。

（13）画笔选项：填充新的画笔笔画，用设置的填充色自动填充路径，若未选中，则不会自动填充路径。

（14）使用比例工具时，可以用直接选择工具选中几个锚点，缩放锚点之间的距离。

（15）自由变换工具：可对图形、图像进行倾斜、缩放以及旋转等变形处理，先按住范围框上的节点不松，再按Ctrl键进行任意变形操作，再加上Alt键可进行倾斜操作。

（16）扭转工具：将图形做旋转，创建类似于涡流的效果。扭转比例：扭转的方向。细节：确定图形变形后锚点的多少，特别是转折处。简化：对变形后的路径的锚点做简化，特别是平滑处。

二、工艺线迹笔刷介绍

（一）单针线笔刷制作

1. 绘制线迹

新建文档，在工具栏中选择直线工具，然后按住键盘中的Shift键，画水平直线，并在界面右下方的对话框中选择描边线迹，数值可以根据设计的需要做调整，如图3-6所示。

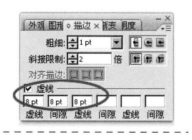

图3-6

2. 新建图案画笔

选择"虚线"，按住鼠标左键向右方的画笔对话框中拖拽，然后松开鼠标，在出现的对话框中选择"新建图案画笔"，如图3-7所示。

3. 保存画笔库

上面的操作已经完成了单针线笔刷制作，需要将制作的笔刷保存在画笔库里方便以后调用，如图3-8所示进行设置。

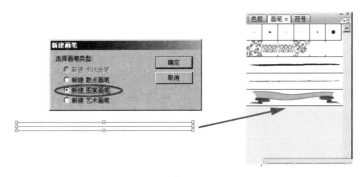

图3-7

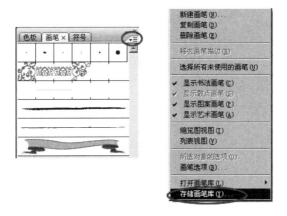

图3-8

（二）人字线笔刷制作

1. 绘制线迹

选择画线工具 ，在图中空白位置画一条斜线，然后将这条斜线复制，选中该线在空白处点击鼠标右键，在弹出的对话框中选择"变幻""对称"，如图3-9所示。接着在弹出的对话框中选择"水平"，如图3-10所示。然后移动该斜线，拼接出图案。

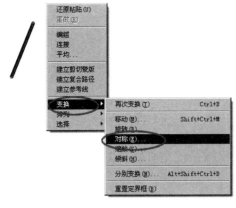

图3-9　　　　　　　　　　　　　　　　图3-10

2. 新建图案画笔

框选图形，按住鼠标左键向右方的画笔对话框中拖拽，然后松开鼠标，在出现的对话框中选择"新建图案画笔"，如图3-11所示。

3. 保存画笔库

上面的操作已经完成了人字线笔刷制作，需要将制作的笔刷保存在画笔库里方便以后调用，如图3-12所示。

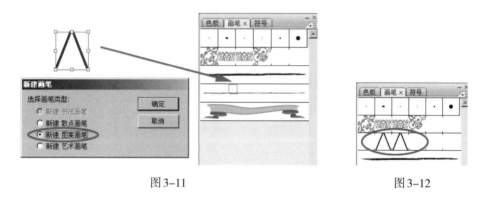

图3-11   图3-12

笔刷应用在工艺图的绘制中使用非常方便，形状可以任意调整修改，提高工作效率，如图3-13所示。

可以用制作人字线的方法做出各种工艺线的笔刷以备用，如图3-14所示。

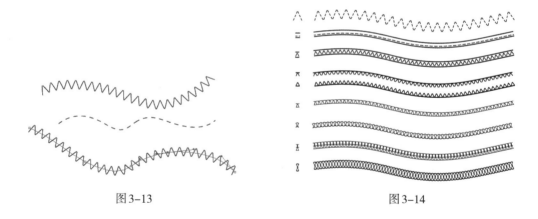

图3-13   图3-14

第三节　Photoshop 功能与应用

Photoshop是Adobe公司旗下的图像处理软件之一，简称"PS"，作为集图像扫描、编辑修改、图像制作、广告创意、图像输入与输出于一体的图形图像处理软件，深受广大平面设计人员和电脑美术爱好者的喜爱。PS应用范围极广，也可应用于内衣设计领域。

一、操作界面介绍

（一）主界面介绍

打开PS软件，进入系统主界面，如图3-15所示。

图3-15

（二）界面及窗口介绍

如图3-16所示，顶部的红色区域是菜单栏。绿色的竖长条为工具栏，对图像的修饰

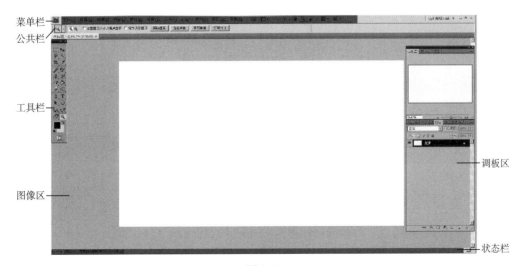

图3-16

以及绘图等工具都从这里调用。工具栏上方与菜单之间的蓝色区域为公共栏,主要用来显示工具栏中所选工具的一些选项,不同的工具出现的选项也不相同。中间大块的灰色部分就是图像区,用来显示制作中的图像。靠右边的黄色部分为调板区,用来安放制作需要的各种常用的调板,也可以称调板为浮动面板或面板。位于底部的灰色部分称为状态栏,其中显示着图像的缩放比例、内存的占用以及目前所选工具的使用方法等,也能显示处理的进度。

　　界面中除了菜单的位置不可变动外,其余各部分都是可以自由移动的,可以根据自己的喜好安排界面。调板在移动过程中有自动对齐其他调板的功能,可以让界面看上去比较整洁。

(三)主菜单介绍

　　主菜单栏如图3-17所示。

图3-17

　　主要工具的应用方法如下:

　　(1)文件(F):用于图片的打开与储存。储存步骤:文件—储存,一般情况下内衣图片文件的储存格式为jpg或psd,在下面章节的具体实例中进行介绍。

　　(2)"文件"中的"导入"命令可以直接把从扫描仪、数码相机和视频捕获板得到的图像数字化并输入Photoshop中,如图3-18所示。

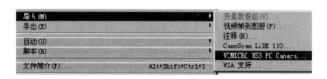

图3-18

　　(3)编辑(E):用于图片的复制粘贴,以及一般图形和文字的描边、文字处理、自定义笔刷和图案等。

　　(4)图像(I):用于图片大小、画面大小的改变,一些基本的图片处理,图片饱和度、色阶的调整,图片画面旋转及裁切的处理。

　　(5)图层(L):主要功能是创建和调整图层。

　　(6)选择(S):用于调整选区或选择整幅图像,如反选、羽化的修改。

　　(7)滤镜(T):可以对图片进行各种艺术效果的处理。

　　(8)视图(V):用于改变文档视图的放大、缩小或满画布显示,还可以新建一个窗口以不同的放大率来显示同一幅图像。当此图像被编辑时,两个窗口的图像会一起更新。使用"视图"菜单，可以选择显示或隐藏标尺、参考线和网格。

（9）窗口（W）：用于改变活动文档以及打开和关闭 Photoshop 的各个调板。

（10）帮助（H）：提供对 Photoshop 特性的快速访问。"帮助"内容类似于的用户手册，只要选择"帮助"目录，便可看到有关帮助的选项。

（四）工具栏介绍

如果工具图标的右下角带有一个小三角形，则按住鼠标按键可看到隐藏的工具，然后点按要选择的工具。按工具的键盘快捷键，键盘快捷键显示在工具提示中。要循环切换隐藏工具，按住 Shift 键并按工具的快捷键。工具栏下方的黑色与白色部分，分别为前景色与背景色，最下方为快速蒙板。图3-19是工具栏各隐藏工具的展开模式，右方的字母分别是各工具的快捷键。

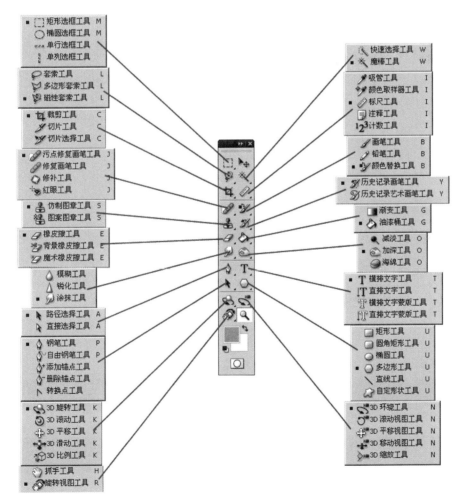

图3-19

二、常用工具功能介绍

常用工具的功能如下：

（1）矩形选框工具 ▯：用来选取图形中的某一部分。

（2）移动工具 ▸⊕：可以对图片进行移动，可以移动部分或者全部，也可以把一张图移动到另一张图片上。

（3）套索工具 ⌀：可以用此工具进行抠图，对图片进行圈选。

（4）魔棒工具 ✎：通过改变容差建立选区。

（5）裁剪工具 ⊡：可以取出图片中想要的部分，只限于矩形部分。

（6）画笔工具 ✐：用于绘图，可改变笔触大小及模式，在图中画出不同的图案。

（7）仿制图章 ♨：可以把一处的图案覆盖到另一处，可用来除去图片上不想要的图案或文字。

（8）橡皮擦工具 ⌫：可以擦掉图中不想要的部分。

（9）减淡工具 ♦：把图像中的颜色减淡，隐藏工具可以把图像中的颜色加深。

（10）钢笔工具 ⌥：用于建立路径，转化成选区，多用于抠图。

（11）文字工具 T：用于编写文字。

（12）放大镜 ⌕：用于放大或缩小界面的图像显示。

第四节　内衣工艺图的绘制

一、三角裤工艺图制作

（一）轮廓线绘制

打开 AI 软件，选择钢笔工具 ⌥，在界面的空白位置勾勒出三角裤的一半形状。接着使用选择工具 ▸ 调整图中各个节点位置，并调整曲线的弧度，如图 3-20 所示。

用同样方法做出三角裤一半前幅并调整曲线的弧度，如图 3-21 所示。

（二）对称部分制作

使用选择工具 ▸ 框选图中三角裤一半前幅部分，按住键盘中的 Alt 键，鼠标左键拖拽线图至空白部分，将三

图 3-20

角裤一半前幅部分进行复制，如图3-22所示。

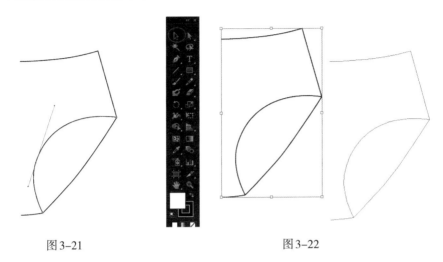

图3-21　　　　　　　　　　　　　　　　图3-22

选中复制的部分在图形的空白处击鼠标右键，在弹出的对话框中选择"变换""对称"，如图3-23所示。在弹出的对话框中选择"垂直"，如图3-24所示。

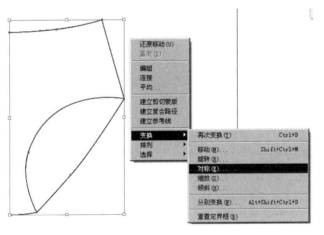

图3-23　　　　　　　　　　　　　　　图3-24

将复制的这部分图移动至相应的位置上并调整节点位置，使图示轮廓线条顺畅，如图3-25所示。

（三）前裆线与后裆线制作

选择直线段工具，按住键盘中的Shift键，在图中相应的位置分别画出前裆线与后裆线，如图3-26所示。

后裆线转曲线：选中后裆线，选择钢笔工具 在线中间加点，然后选择"转换锚点工具"，如图3-27所示。

图3-25

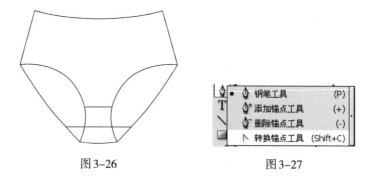

图 3-26　　　　　　　　　　　　图 3-27

用鼠标在图中位置水平移动该点，如图 3-28 所示。接着在工具栏中使用选择工具 ⊠，鼠标左键拖曳图中移动点位置，如图 3-29 所示。

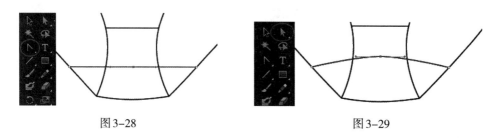

图 3-28　　　　　　　　　　　　图 3-29

（四）后幅制作

选择三角裤整体图示，复制并移动到相对应的位置上。使用选择工具 ⊠，将三角裤后幅中不需要的线条用 Delete 键删除，如图 3-30 所示。

选择橡皮工具 ⊘，擦除前幅部分多余的线，如图 3-31 所示。

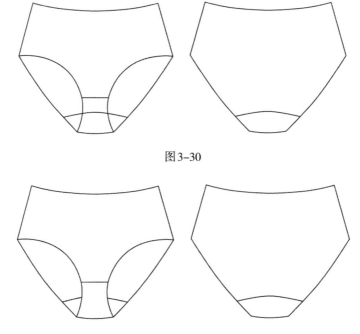

图 3-30

图 3-31

（五）工艺线制作

在图中用钢笔工具 ⬚ 绘出曲线，并移至对应的位置上，并相应地调整线的位置；也可以对原图形进行线的复制再删除不需要的部分，如图3-32所示。

用前面做笔刷的方法做出对应的线迹，然后替换在相对应的位置上，如图3-33所示。

图3-32　　　　　　　　　　　　　　　　　　　　图3-33

接着做出各部位的对称部分，完成三角裤工艺图制作，如图3-34所示。

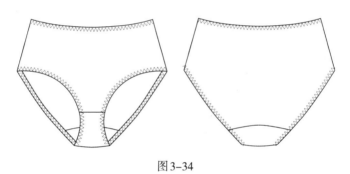

图3-34

二、文胸工艺图制作

（一）轮廓线绘制

打开AI软件，选择钢笔工具 ⬚ ，在图中的空白位置勾勒出文胸的一半形状。接着使用选择工具 ⬚ 调整图中各个节点位置，并调整曲线的弧度，如图3-35所示。对于比较复杂的图形可以找一个参考样在上面描线。

（二）工艺线绘制

按"三角裤工艺图制作"方法用笔刷绘制出部分工艺线，如图3-36所示。

（三）对称部分制作

做出一半文胸的对称部分，注意调整钩扣、钩位的形状，如图3-37所示。

（四）反面工艺线制作

用同样方法绘制出罩杯内部的结构线和工艺线，如图3-38所示。

罩杯的工艺结构在文胸设计中非常重要，设计师必须要掌握内衣工艺才能正确完成文胸工艺图绘制。

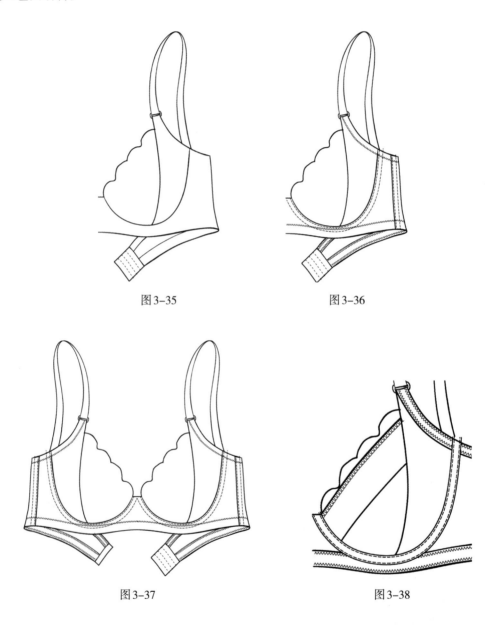

图3-35　　　　　　　　　　图3-36

图3-37　　　　　　　　　　图3-38

PART

4

第四章

内衣材料的表现技法

第一节　内衣材料的绘制

内衣的细节设计，更能展现内衣时尚的亮点，各种元素的应用在内衣的细节设计中非常重要。

一、罩杯的表现技法

（一）罩杯外型及用色

文胸的罩杯可以用球面来表现，处于杯中间的杯高位是高光位颜色最浅，杯底部分在整个罩杯中是颜色最暗的，钢圈位置颜色会稍浅些，处于杯边的位置要稍暗些，如图4-1所示。

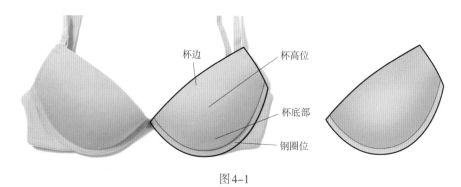

图4-1

（二）罩杯印花面料球面的处理

内衣罩杯很多采用印花面料，由于面料的本身是平面的，要通过模压工艺将面料压成有形状的模布再车缝到罩杯上面。如图4-2所示，分别为面料平面填充和经过球面化处理后填充到罩杯中的效果。可以明显地感觉到，经球面化处理的罩杯更有立体感。

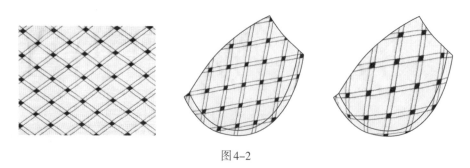

图4-2

（三）PS效果图中罩杯球面绘制

使用PS软件，通过"数量"的大小改变球面的立体感，如图4-3所示。用PS工具中的减淡工具做出罩杯的高光部分，再用变暗工具将罩杯边缘部分做处理，这样罩杯的立体感就明显了，如图4-4所示。

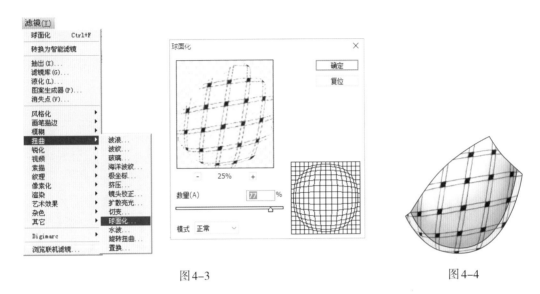

图4-3　　　　　　　　　　　　　　　　　　图4-4

二、花边的处理方法

花边、蕾丝是内衣最常用的材料，精美细腻。镂空是花纹的表现重点，需要在构图中细致地勾勒出花型及纹样，才能表现出花边的品质。通常内衣设计中使用的花边、蕾丝都是从现有的供应商中选择需要的成品，然后对其扫描进行配色及效果图制作。

（一）花边连续性的处理

数码相机或者扫描仪扫描面料小样，如图4-5所示是数码相机拍照的花边。在作图中需要整体表现花边、蕾丝纹样，那么就需要进行PS处理，以保证作图部分所取花边的完整性。

在PS的工具栏中选择选框工具 ⬚，选中图中不少于一个连续的花型进行裁剪（可以将不需要的部分选中，然后点击Delete键删除），接着用魔棒工具 ⬚ 选中花边波牙上部分比较脏的颜色，然后删除掉。魔棒选中，在PS的界面最上方会有属性栏。对魔棒属性进行设置，如图4-6所示，容差的量可以按照实际需要适当地改变大小，常用数据20~30。

图4-5

图4-6

接着将处理干净的图片复制，移动花型，放置到相对应的位置上，也可以用选择工具选中再复制一个图层放到原来的图片上。然后在工具栏中点击选择工具 ，拖动花边至相对应的位置。接缝处明显的位置可以用橡皮擦工具 擦除，如图4-7所示。

为了使图片看起来柔和一些，在选择橡皮擦时选比较虚的笔刷，在操作界面点击鼠标右键，在弹出的对话框中选择笔刷形状，然后通过键盘中的快捷键"["，"]"改变笔刷的大小，如图4-8所示。

图4-7

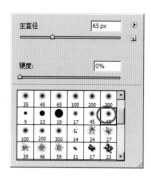

图4-8

（二）花型的对位处理

在花型对位时，可以将图层中新建图层的模式改为"正片叠底"，这样在移动花边时更容易准确对位，对齐后再把图片的模式改为"正常"，然后用橡皮擦掉中间的接缝线，再与下面的图层合并到一起，如图4-9所示。

图4-9

三、薄纱的表现技法

纱、网眼是内衣常用的材料。这类面料的特点是通透感强，要在设计效果图中表现出搭配材料的层次感，清楚地表现出款式特点及效果。如图4-10所示，罩杯边裙、裤腰位置都是通透感较强的面料。

对于这种面料的表现方式可以在图层的属性栏中通过改变色彩的透明度来表现出通透的效果，如图4-11所示。也可以通过改变属性栏中的图层模式做出通透的效果，将裙色的图层模式改为"正片叠底"，透明度可以根据面料特点和设计效果来改变，如图4-12所示。注意两者的区别，后者效果透肤色会较明显一些，在透明度相同、裙色图层下面的图层还有底色的情况下，这种效果会使裙身的颜色比改变透明度的处理方式稍深一些，要注意这些细微的变化。

图4-10

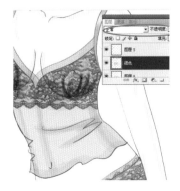
图4-11

图4-12

四、褶皱效果的处理方法

褶皱是内衣款式中常见的设计方式，其最大特点是有凹凸不平的纹路，这种纹路通过明暗关系来表现。首先铺上面料的基本色，再勾勒出线条的纹路及颜色，注意纹路的颜色线条要自然，不能勾画得太死板。最后用白色来表现高光效果，可以适当地调整画笔透明度（可以是画笔的透明度，也可以是图层的透明度），如图4-13所示。

图4-13

第二节　网眼面料的绘制

网眼面料是内衣的常用材料，它的特点是有网孔、通透感强、透气性能好。一般在内衣设计中把这类常用的基础性面料定义为"图案"，可以更方便地应用到款式设计中。六角网眼面料的制作如图4-14所示。

一、新建文档

PS新建一个文档，分辨率可以根据电脑的配置自行设置，一般常用的分辨在200dpi以上，如图4-15所示。

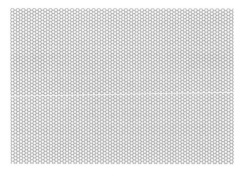

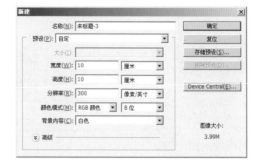

图4-14   图4-15

二、绘制图案

（1）在工具栏中选择矩形工具 ▣ ，然后在对话框中选择多边形工具，如图4-16所示。

（2）在上方的属性栏中将多边形边的边数改为6，如图4-17所示。

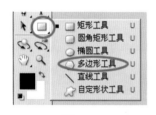

图4-16   图4-17

（3）在操作界面画一个正六边形并调整位置，如图4-18所示。

（4）在工具栏中选择移动工具 ，按住键盘中的Alt键，拖动正六边形至相应位置，注意要对齐边线，如图4-19所示。

（5）重复上面操作步骤，并对齐边线位置，如图4-20所示。

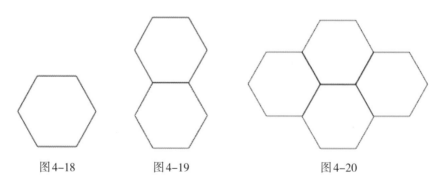

图4-18   图4-19   图4-20

（6）选择框选工具 ▣ ，选中一个循环，如图4-21所示。

（7）将这部分线图定义为"图案"，在菜单栏中选择编辑—定义图案，如图4-22所示，在弹出的对话框中点击确定。

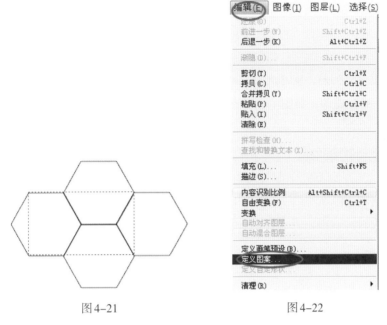

<table>
<tr><td>图 4-21</td><td>图 4-22</td></tr>
</table>

（8）填充图案，选择填充工具 ，在界面上方的属性栏中将填充的模式改为"图案"，然后在旁边的列表中选择刚刚设定好的图案。对填充工具进行设置，如图 4-23 所示。

图 4-23

（9）在空白处点击鼠标左键就可以填充图案，如图 4-24 所示。

图 4-24 所示的图案是有白色背景色的，在定义图案的操作时，将背景图层关掉，可以形成仅有线图的图案，设置如图 4-25 所示。

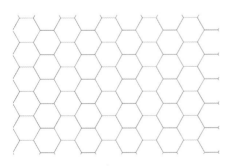

图 4-24

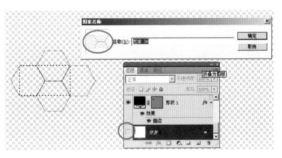
图 4-25

用同样的方法可以制作内衣使用的各类网眼面料，网眼大小和网眼形状可以根据设计需求做调整。网格的线图也可以用 CD 或 AI 制作。多种软件的综合性使用可以提高工作效率。

第三节　刺绣花边的绘制

刺绣花边立体感强，也是内衣设计中常用的元素。刺绣花边的形式有网眼布花边、波浪边、朵花、单波花等，如图4-26所示。

一、绘制轮廓线

（1）绘制花边图案的线稿，可以是手稿也可以用AI或CD做的线稿图，如图4-27所示是手稿。

图4-26　　　　　　　　　　　　　　　　　　图4-27

（2）用AI绘制花朵，以手稿绘制的花型为参考勾出花型图案，然后在花朵上勾勒细线，花型图案和勾勒细线的花朵图在不同图层上，如图4-28所示。

（3）接着勾勒出另一个花朵的细线，如图4-29所示。

（4）点击Ctrl+R键调出标尺，再用选择工具 ▶ 向下拖出一条标记线，将花朵左、右两个端点的位置调在同一条水平线上，如图4-30所示。

图4-28　　　　　　　　　　图4-29　　　　　　　　　　图4-30

（5）用PS分别将茎、叶轮廓线和花朵作为不同的图层，如图4-31所示。

（6）关掉茎、叶轮廓线图层，可见花朵图层，如图4-32所示。

图4-31

图4-32

二、轮廓线及花朵上色

（1）用选区工具 ![icon] 选出轮廓线的线条，然后用吸管工具 ![icon] 点工具栏中的前景色，在对话框中选择花朵轮廓线的颜色，如图4-33所示。

（2）用填充工具将前景色填充到选区内。

（3）接着用同样的方法填充花朵的颜色。在设计时为了强调花型的立体感会将轮廓线与花朵图案稍做一点色阶的变化，如图4-34所示，花朵的颜色稍淡一些。

（4）将此区域填充颜色，如图4-35所示。

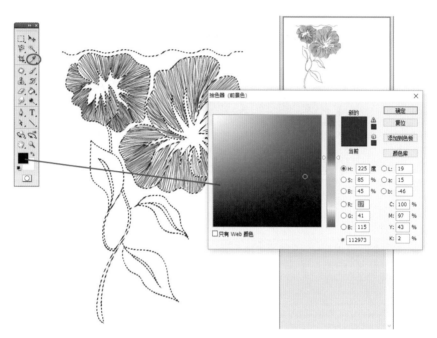

图4-33

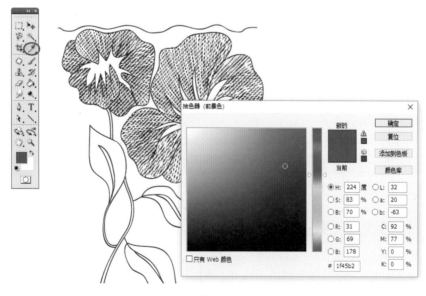

图4-34

（5）接着在轮廓线中点击鼠标右键，在弹出的对话框中选择"混合选项"，如图4-36所示。

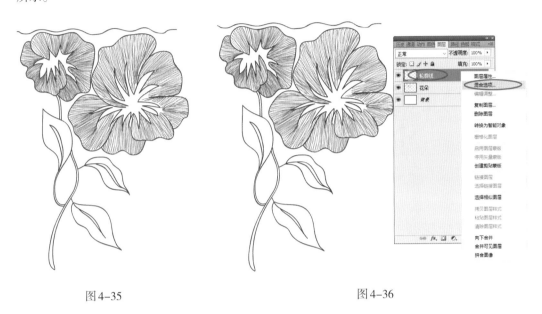

图4-35   图4-36

（6）出现对话框，选择"投影"，设置参数，如图4-37所示。

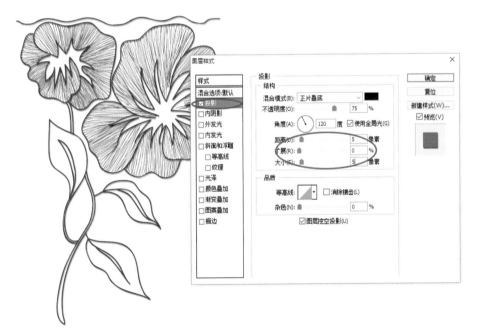

图4-37

（7）用同样方法做出花朵部分的投影，然后将这两个图层合并到一起，如图4-38所示。

图4-38

三、连续花型的制图

将图层合并到一起，然后复制同样部分。选择移动工具 ，在同一水平线上对齐花边接口位，如图4-39所示。

图4-39

（1）花边底网制作。可以将扫描或者模板中的底作为花边的底网，也可以选择一块面料作为底网，将选择面料的底网放入花边图层下。在花边图层下新建一个图层，作为底网的图层，然后将图案填充进去，网孔的疏密可以按照需求做调整，如图4-40所示。

（2）底网填充后的效果，如图4-41所示。

（3）在花边图层上的工具栏中选择选区工具 ，然后在前景色中选择底网的颜色，接着用填充工具 对底网颜色进行填充，如图4-42所示。

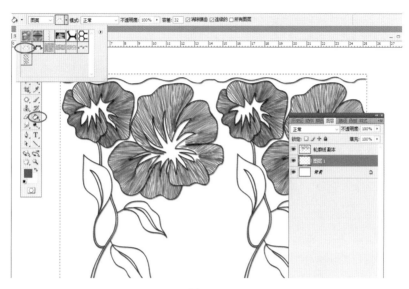

图 4-40

图 4-41

图 4-42

图4-43

（4）填充后的效果，如图4-43所示。

（5）用磁性套索工具 选择花边波纹上面的多余部分，如图4-44所示。

（6）在底网的图层中，按键盘中的Delete键，将选择的花边波纹上面多余部分删除，如图4-45所示。

图4-44

图4-45

四、线迹光泽的处理

（1）对于有光泽感觉的线迹，在图示中分别应用减淡工具和加深工具做出线迹的高光和阴影，如图4-46所示。

（2）网眼及底网的颜色可以按设计需求修改。在做设计时经常需要多配一些颜色以便花边挑选，如图4-47所示是修改过网眼颜色及花边颜色的图案。

图4-46

图4-47

五、绣线的绘制

（1）选择画笔工具 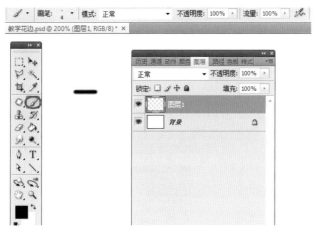，新建一个图层，在新图层中画线，如图4-48所示。

图4-48

（2）关掉背景图层，选择矩形框工具 ▦，框选图中的形状，在"编辑"菜单栏中选择"定义画笔预设"，如图4-49所示。

图4-49

（3）在弹出的对话框中点击确定键，如图4-50所示。

（4）在菜单栏的窗口中打开画笔，如图4-51所示。

（5）选择画笔，在页面的空白处点击鼠标右键，在弹出的对话框中选中上述步骤定义的画笔，如图4-52所示。

图4-50

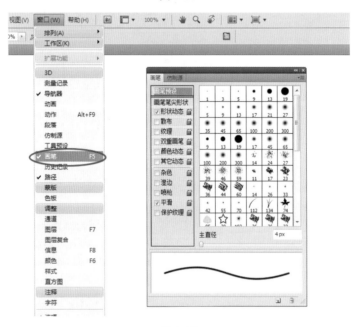

图4-51

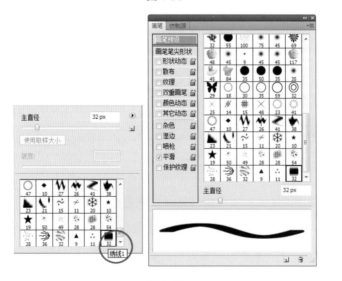

图4-52

（6）在画笔预设对话框中选择"画笔笔尖形状"，通过调节间距的数值拉开线迹的距离，如图4-53所示。

（7）单击画笔"形状动态"进行设置，如图4-54所示。

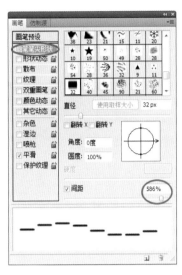
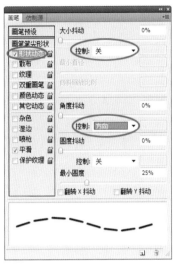

图4-53　　　　　　　　　　　图4-54

（8）新建图层，选择钢笔工具 ，在路径中勾勒出叶子形状（可以在手稿图层上描线），如图4-55所示。

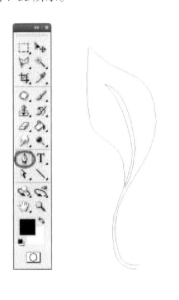
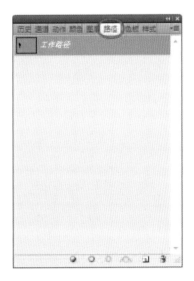

图4-55

（9）选择画笔工具 ，在前景色上选择绣线的颜色，通过改变笔刷的大小来参考线迹在图中所占比例的大小，如图4-56所示。

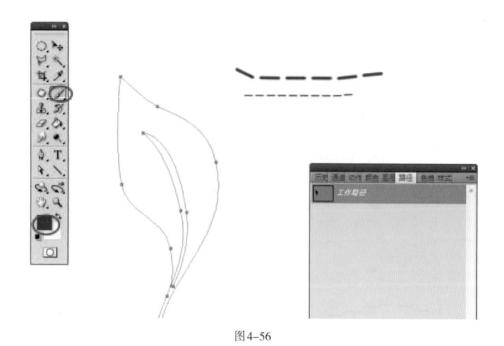

图4-56

（10）选中路径，鼠标右键单击图示部分，在弹出的对话框中选择画笔描边，如图4-57
所示。

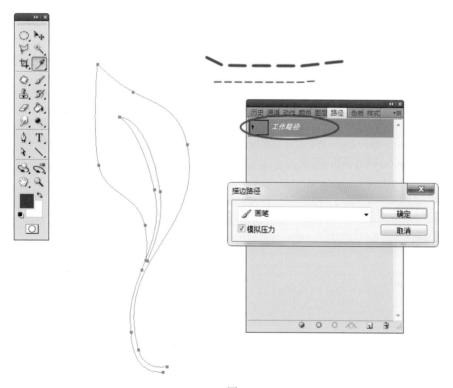

图4-57

（11）如图4–58所示，分别为描边后、加投影、加底网的效果。

（12）用上述方法同样可以处理不同绣线线迹的效果，如图4–59、图4–60所示。

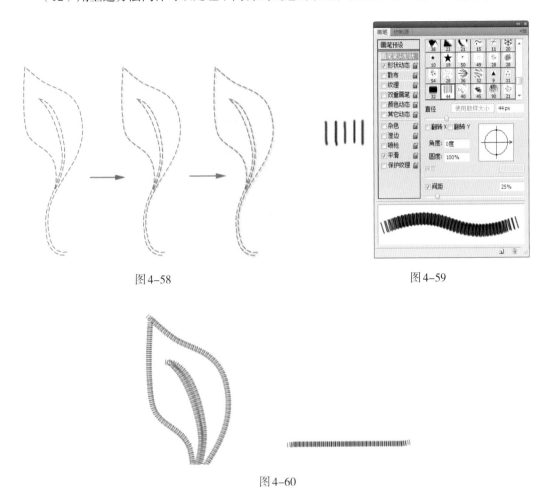

图4–58　　　　　　　　　　　　　　　　　　　图4–59

图4–60

PART

5

第五章

内衣效果图绘制

第一节　三角裤设计图绘制

一、结构与配料

　　此款三角裤是比较常见的基础内裤，裤型为中腰三角裤，款式如图5-1所示。构成三角裤本身的结构与工艺都比较简单，结构分为前幅、后幅、裆，前幅装饰花边。花边所占的面积比例非常小，主要是起装饰作用，花边与前幅之间的工艺为人字缝连接，花边选择弹力面料，三角裤面料为双弹经编面料，腰头与脚口的工艺为三针落丈根。

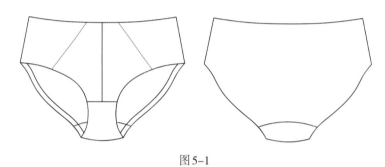

图5-1

二、三角裤面料绘制

　　（1）建立选区，在工具栏中选择魔棒工具，并进行设置，如图5-2所示。

图5-2

　　（2）选择背景图层，在背景图层中鼠标右键单击三角裤的前中部分，然后按住键盘中的Shift键，单击底裆，同时选择这两部分，如图5-3所示。

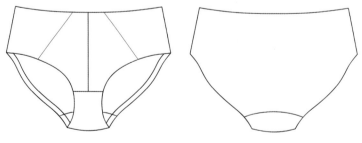

图5-3

　　（3）选择三角裤颜色，双击工具栏中的前景色，然后选择图中区域的浅蓝色部分，如

图5-4所示。

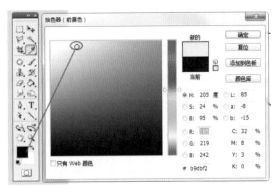

图5-4

（4）填充三角裤颜色，接着在背景图层上新建一个图层作为面料图层，然后在工具栏中选择填充工具，将前景色填充到所选区域中，如图5-5所示。

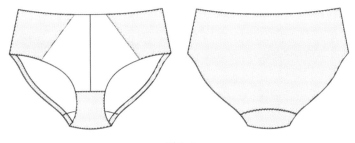

图5-5

三、三角裤花边填充

（1）修改花边比例，将花边移到设计图的操作界面。实物的花边能测量出宽度。花边的比例在效果图中非常重要，对于一些特殊款式，工艺师要参考效果图确定花边位置。

以实物花边的大小调整花边在整条三角裤中的比例大小，也可以参照花边实物和成品结构三角裤。用Ctrl+T键选中花边后，按Shift键调整花边比例，如图5-6所示。

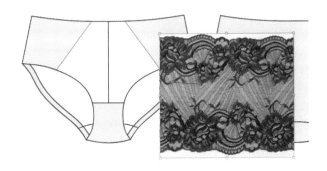

图5-6

（2）修改花边颜色，在花边图层上新建一个图层，框选花边部分（选区框选的花边比绘图采用的花边面积稍微大一些），用比前景色的蓝色偏深一点的颜色填充选区部分，如图5-7所示。

图5-7

（3）然后将图层的模式改为"滤色"，如图5-8所示。

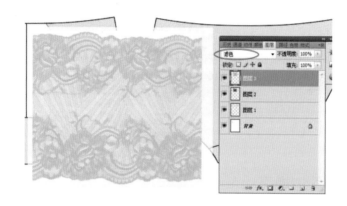

图5-8

（4）再将这两部分合并到同一个图层上面，接着在工具栏中选择选区工具 ，去掉花边波浪边以外的部分，如图5-9所示。

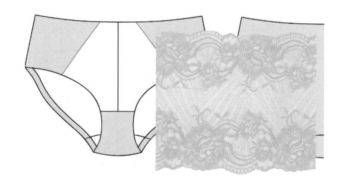

图5-9

（5）接着花边图层填充模式改为"正片叠底"，并移动到相应的位置，如图5-10所示。

（6）用磁性套索工具，选择选区并反选，删除填充花边以外的部分，如图5-11所示。

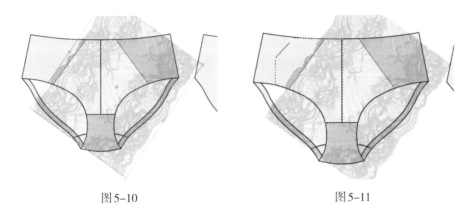

图5-10　　　　　　　　　　　　　图5-11

（7）取消选择区域，按Ctrl+C、Ctrl+V键复制粘贴这部分选区。框选花边部分，按Ctrl+T键，在操作界面中单击鼠标右键，在弹出的对话框中选择"水平翻转"，如图5-12所示。

（8）将这部分移动到相对应的位置上，如图5-13所示。

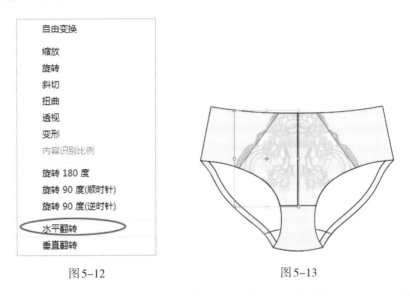

图5-12　　　　　　　　　　　　　图5-13

（9）用橡皮擦工具　去掉背景图层和前幅面料图层中多余部分，如图5-14所示。

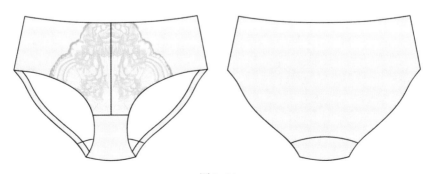

图5-14

（10）在背景图层中用魔棒工具 选择图中花边选区，在前景色中选取比三角裤稍浅一点的颜色填充至选区，如图5-15所示。

（11）完成效果图，如图5-16所示。

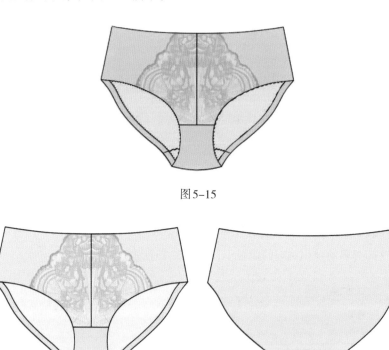

图5-15

图5-16

四、三角裤设计注意事项

（一）面料特点与裤型结构分析

在大面积使用花边的情况下，一定要选择弹性大的花边，要保证腰头的拉伸度大于臀围，如图5-17所示。

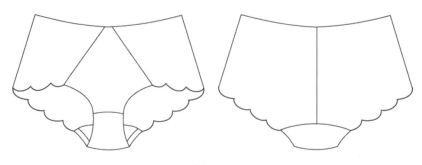

图5-17

　　在图示的三角裤中，制板时会要求前幅除花边部分外，与后幅是连接在一起的，做设计时要在工艺单中标注清楚。这种工艺要求后幅中线处必须是断开的，在设计图中一定要表现出来。在三角裤设计中要求使用的花边幅宽一定够宽，如果宽度不够就要在后幅做结构上的切割，如图5-18所示。

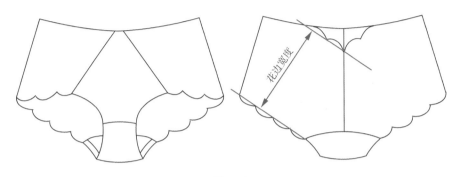

图5-18

（二）深色面料层次感的处理

　　对于深色面料的效果图，尤其是黑色，做出的效果图很难分出前、后幅裤片的结构，所以要将面料填充图层的透明度减弱，如图5-19所示。

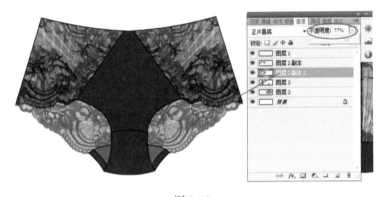

图5-19

　　要把置于前面图层花边的图片模式在图层中改为"正面叠底"。如图5-20所示依次是正常状态的花边填充；设置前面花边图层为"正面叠底"模式的填充；设置前面花边图层为"正面叠底"模式后再把后幅的不透明度改为77%后的花边填充。

　　对比一下哪个效果能够较好地表现出三角裤的结构，再选择怎么样去处理效果图。从美观的角度选择中间的效果图，从结构工艺的角度选择最后一个，如图5-21所示。

（三）选择无弹花边的注意事项

　　在三角裤设计时选择使用花边是没有弹力的，款式设计时要与有弹性的面料搭配共同使用，一定要保证面料的整体拉伸度。例如刺绣花边本身是无弹的，所以在款式设计上花

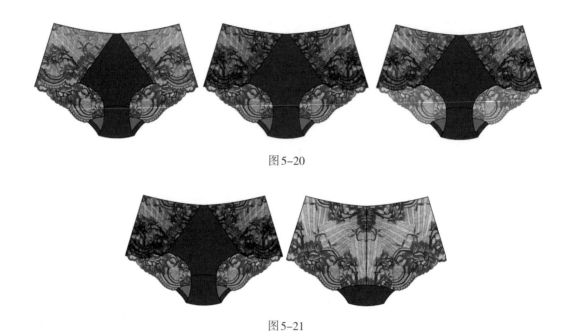

图5-20

图5-21

边不适合大面积使用。

（四）展示产品在效果图中的表现

　　三角裤的侧面有特殊工艺处理时，侧面在效果图中是比较难以表现的。人体3/4侧面的效果图可以表现出款式的特殊工艺部位，并能明确地表现出前、后幅之间的关联。因此，在特殊款式设计中有特殊工艺部位时建议如图5-22所示的角度绘制效果图。

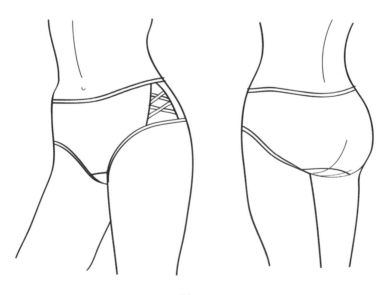

图5-22

第二节　文胸设计图绘制

一、结构与配料

此款文胸是基础款，罩杯和下扒使用刺绣花边，罩杯上收一个省，但不要破坏整朵花的图案，所以在裁剪时要注意这个位置，很多大花朵图案的罩杯为了不破坏花型会在前面离鸡心较近的位置收一个小省（有时是因为裁剪的需要）。另外在构图时要注意鸡心的位置，花边与侧骨的夹缝位置一定要处在花边的底部波浪边上，才能保证缝合裁片夹缝时顺畅。花边的波边在画线图时可以用直线表示，如图5-23所示。

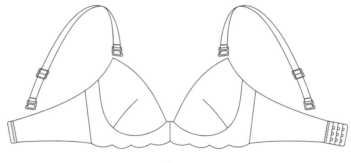

图5-23

选择文胸及花边的主料及辅料，包括杯（模杯或者夹棉杯）、后比及侧比面料、肩带、上下捆丈根、文胸的连接扣、钩扣等。主料花边如图5-24所示。

图5-24

在绘制线稿图时一定要注意各个位置的比例大小，如碗杯占整个文胸的几分之几，背扣是单排扣还是双排扣，多排扣的宽度与文胸的比例等。单排扣常用规格是1.9cm，双排扣常用规格是3.2cm和3.8cm，三排扣常用规格是5.5cm和5.7cm。此款文胸为三排勾扣，在绘图时要注意钩扣和部分结构的比例。

二、文胸花边填充

（1）调整花边比例：在工具栏中选择移动工具 ，将花边拖拽到操作界面中，按Ctrl+T键，调整花边的比例大小，可以拿一个文胸的罩杯和花边作为参照花型罩杯中的位置和比例，如图5-25所示。调整花边比例后，将花边图层复制备用。

图5-25

（2）填充下扒花边：按Ctrl+T键旋转花边并拖至下扒位置，注意花边的低波牙要处在侧比与后比的夹缝位置。然后在操作界面的空白处击鼠标右键，在弹出的对话框中选择"变形"，使花边沿波牙线方向轻微变形，如图5-26所示。

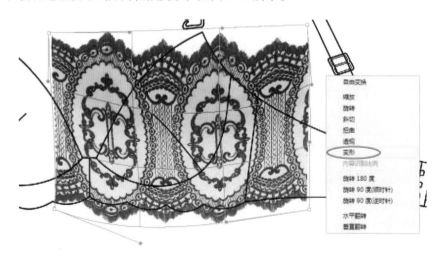

图5-26

（3）在工具栏中选择磁性套索工具 ，按图像位置选择选区，在选择选区的时候为方便操作可以将花边图层关掉，如图5-27所示。

（4）接着将选区以外的部位删除。菜单栏中选择"反选"，然后按Delete键删除。

（5）将这部分的花边复制，按Ctrl+T键，在图像的空白处单击鼠标右键，在弹出的对话框中选择"水平翻转"，然后将花边移动到相应位置，如图5-28所示。

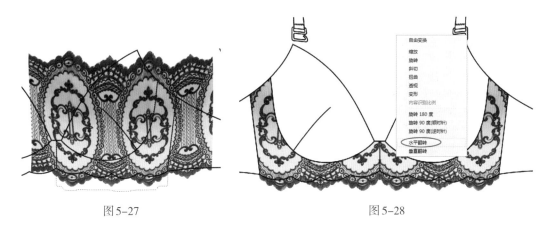

图5-27　　　　　　　　　　　　　　　　　　　图5-28

（6）用同样的方法对罩杯部分进行操作。注意罩杯绱碗的位置要处于花边花牙的低波位，如图5-29所示。

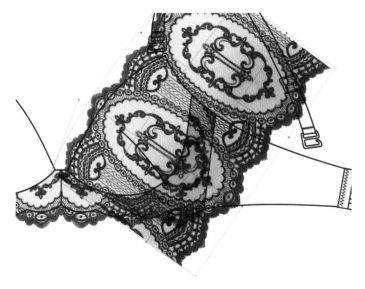

图5-29

（7）在工具栏中选择钢笔工具 ，选择选区，在路径中选择图层夹缝线右侧的花边部分，如图5-30所示。

（8）然后将这部分剪切掉，重新作为一个图层粘贴到原来的图像上，快捷键Ctrl+X、Ctrl+V。接着将这部分进行轻微地旋转和变形，使花边的波边与罩杯杯边的方向一致，如图5-31所示。

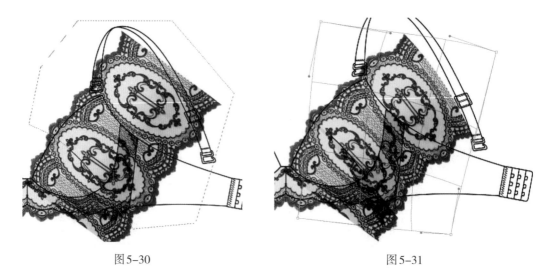

图5-30　　　　　　　　　　　　　图5-31

（9）选择橡皮擦工具 ▨ 擦除花边与底层花边相重叠的部分，并轻微调整杯边的位置，不要使花边严重变形，如图5-32所示。

（10）用上述方法删除罩杯以外的花边部分，如图5-33所示。

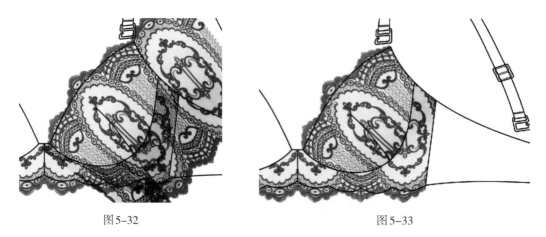

图5-32　　　　　　　　　　　　　图5-33

（11）接着将罩杯花边复制，并移动到相应的对称位置上，如图5-34所示。

图5-34

三、罩杯与下扒底色填充

（1）罩杯底色填充：在线图中选择罩杯部分，然后在线图图层上新建一个图层为罩杯颜色的填充图层（注意此图层在花边图层下面），在前景色中选择罩杯颜色，并将其填充到选区中，如图5-35所示。

图5-35

然后分别用减淡工具 🔍 和加深工具 ⊚ 做出罩杯的高光部位与阴影部位，如图5-36所示。选择橡皮擦工具 🖉 ，在线图中擦除下扒参考花边线。

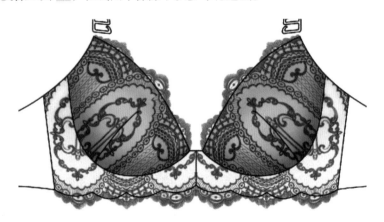

图5-36

（2）下扒部分底色填充：选择钢笔工具 ◊ ，沿花边低波牙勾出低波的廓型，然后用前景色对低波的廓型进行描边。这个步骤可以在线图图层上操作，如图5-37所示。

重复上述操作，也可以将新做的描线复制，如图5-38所示。

然后将这部分进行前景色填充，作为下扒装丈根的位置，如图5-39所示。

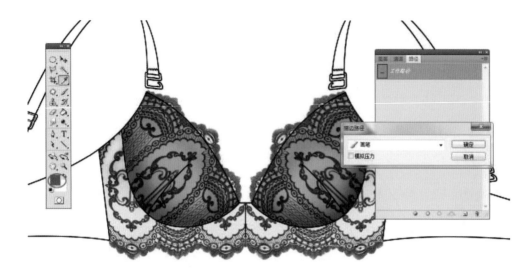

图 5-37

图 5-38

图 5-39

　　用同样方法做出夹弯位的丈根部分，接着选择选区，新建一个图层用前景色进行填充，然后将图层的不透明度调到70%，如图5-40所示。

图5-40

四、后比与肩带颜色填充

将面料颜色填充到后比、肩带与钩扣上，如图5-41所示。

图5-41

选择减淡工具 ，做出肩带的高光部位。然后选择橡皮擦工具 ，在线图中擦去罩杯杯边多余线，如图5-42所示。

图5-42

五、工艺设计

工艺是对内衣各部件从设计到组合成产品的转换。要在内衣工艺图上清楚地标注内衣的工艺线，技术部门才能明确知道工艺怎样处理，一般操作比较难的工艺，设计师会提供同类产品的实物或者拍照样。

在没有设计师、没有对工艺有特别要求的情况下，技术部门会按常规的工艺操作。但有些工艺是有争议的，例如下捆，可以用人字缝压两次，也可以用三针落丈根。杯边的花边可能是单针或者人字压线固定，也可以用点定位来操作，如图5-43所示。此款罩杯内部加杯垫，以适应更多胸型的消费人群，如图5-44所示。

下面对工艺进行简单说明：

（1）文胸的花波点用钉花车定位。

（2）罩杯花边骨线向后翻倒。

（3）上捆工艺为人字落丈根。

（4）下捆工艺为三针落丈根。

（5）捆碗的工艺为正捆。

（6）下扒花边夹缝后双针开骨。

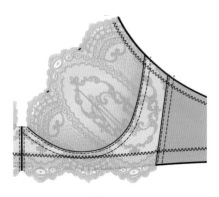

图5-43

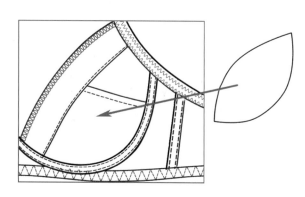

图5-44

六、文胸设计注意事项

（1）人体横向是文胸的主要受力方向，对面料要有选择，除鸡心、侧比可以用无弹的材料外，后比一定要用弹力大的面料，在物料弹性不够大的情况下要多加放缩量。

（2）车缝缩碗工艺的文胸大多数杯边是处于花边的低波位的，在绘制设计图时这个点的取位要在花边的底点上，如图5-45所示。

（3）花型的应用在文胸的设计上特别重要，对于一些比较大的花型要考虑到罩杯收省位的设计会破坏花型。

（4）所有新材料、杯型、面料、丈根类必须要测试性能。

（5）前、后肩带、耳仔及后比的接驳位的宽度一定要吻合，所在花边波位过高或丈根牙边过宽时一定要注意到这个情况，并考虑工艺处理。

图5-45

第三节　吊带裙设计图绘制

一、配料与线稿图

吊带裙的主料为刺绣花边与通透的网眼面料搭配，如图5-46所示。

首先在CD或者AI软件中绘制线稿图，并将该图导出为有图层的psd格式，然后在PS中打开图形，如图5-47所示。

图5-46

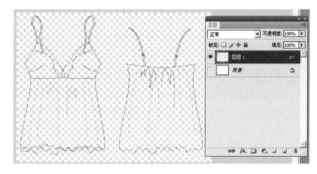

图5-47

二、罩杯花边填充

将花边放置在罩杯线稿图和背景图层之间，并调整花边在罩杯中的比例，如图5-48所示。

旋转花边至相应位置，然后沿骨线将花边的另一部分删除，如图5-49所示。

在罩杯的右上侧继续填充花边，注意要对准花型，如图5-50所示。

删除罩杯以外多余部位的花边，如图5-51所示。

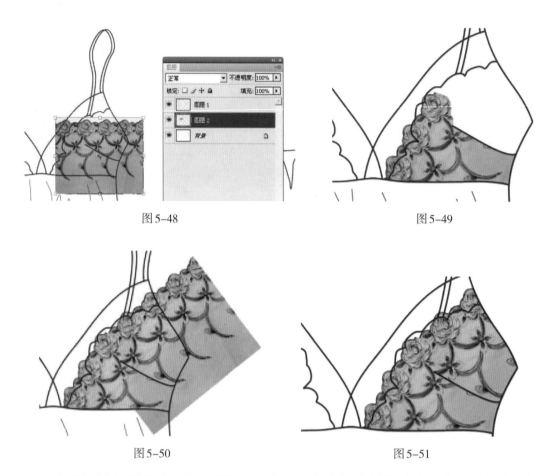

图 5-48 图 5-49

图 5-50 图 5-51

　　然后将罩杯两部分花边合并到同一个图层上，接着复制出罩杯的另一侧对称部分，如图 5-52 所示。

　　选择橡皮擦工具⬛，在背景图层上擦除花边的辅助线，如图 5-53 所示。

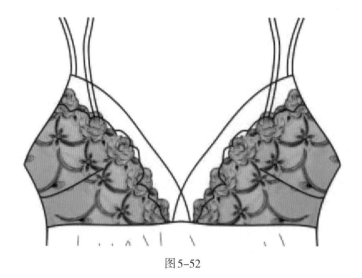

图 5-52

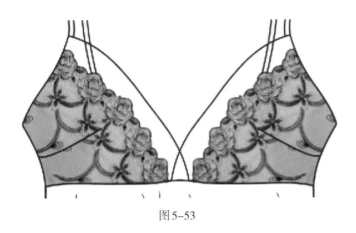

图5-53

三、裙摆面料填充

选择磁性套索工具 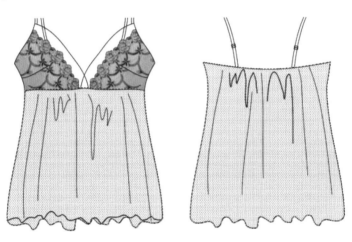，选择裙摆区域，将网眼图案作为填充图案放置到选择区域中，如图5-54所示。

图5-54

填充面料时要注意：面料是有纹向要求的，一般杯边的方向是沿面料的弹力方向，在作图时把网眼图案作为一小部分，然后进行图像处理填充到杯边中，如图5-55所示。接着做出对称部分，如图5-56所示。

四、明暗关系处理

（1）罩杯的明暗处理：在很多时候用减淡工具和

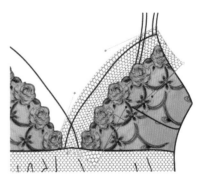

图5-55

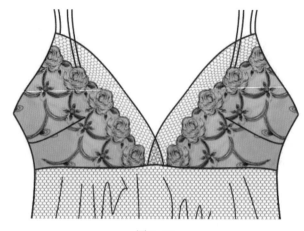

图5-56

加深工具处理明暗关系，色彩不是很均匀，这时通常会用画笔工具实现。

在花边图层上面新建一个图层，图层的填充模式为"正片叠底"，然后选择花边区域，并在花边的浅色区域上取色。设置画笔的参数和属性，并将花边的不透明度设置为30%左右，如图5-57所示。

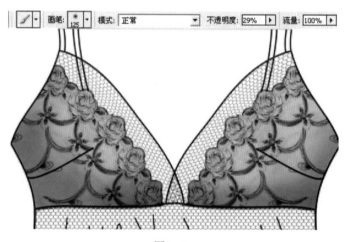

图5-57

（2）裙子明暗关系处理：选择画笔工具 ✎ 设置画笔的参数和属性，如图5-58所示。

图5-58

在裙子区域用画笔工具 ✎ 画出明暗部分，加重的颜色可以多画几次，如图5-59所示。

图 5-59

五、肩带颜色填充

在花边的深色区域取色，作为肩带的颜色填充到肩带中，并用减淡工具做出肩带的高光部分，如图 5-60 所示。

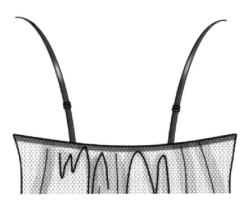

图 5-60

吊带裙整体效果如图5-61所示。

图5-61

六、工艺设计

吊带裙的结构比较简单，工艺也比较少，如图5-62所示。

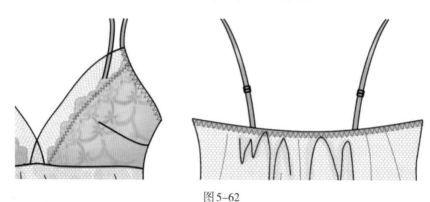

图5-62

下面对工艺进行简单说明：

（1）杯边与裙底摆为密轧工艺。

（2）罩杯为花边踏在网眼面料上，花边下面用网眼做衬布。

（3）网眼面料与花边一起夹缝收省。

（4）夹弯至后比的工艺为三针落丈根，丈根宽度为0.8cm。

第四节　全罩杯文胸设计图绘制

一、配料与线稿图

选择文胸的罩杯及物料（图5-63），然后根据物料设计款式，将手稿扫描（图5-64，也可以用手机拍照）。在PS软件中打开手绘线稿，选择剪切工具 裁掉边缘部分。

图5-63

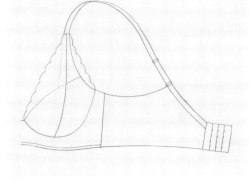

图5-64

二、线稿去色

手绘线稿是用铅笔勾线的，颜色看起来比较灰，为了使手绘线图颜色清晰一些就要对铅笔稿进行处理。在菜单栏中选择图像—自动颜色，如图5-65所示。

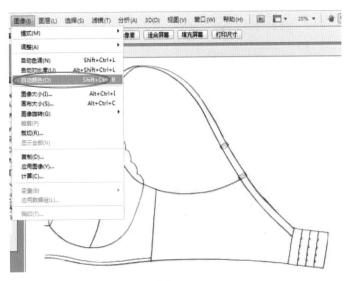

图5-65

在工具栏中选择魔棒工具 ![tool]，设置参数，如图5-66所示。在图像的空白处单击鼠标左键，对相同区域的接近白色的位置进行选取，按Delete键删除选区部分，然后用橡皮擦工具 ![tool] 擦除图片中明显较脏的部分，调整图片在整体页面中的大小，如图5-67所示。

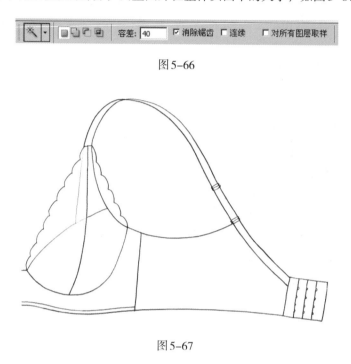

图5-66

图5-67

三、花边改色

打开花边图片，在菜单栏中选择图像—调整—色彩平衡，如图5-68所示。

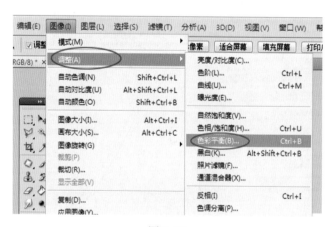

图5-68

调整色彩平衡的参数，让花边颜色偏蓝一些，如图5-69所示。

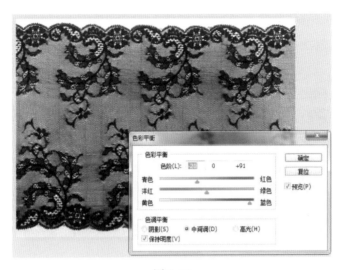

图 5-69

四、花边填充

（1）在工具栏中选择移动工具 ，将花边拖拽至设计图的操作区域内。将花边图层的填充模式改为"正片叠底"，然后按 Ctrl+T 键调整花边在设计图中的比例大小，如图 5-70 所示。

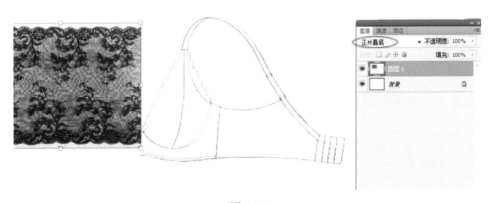

图 5-70

（2）调整花边比例后，将花边图层复制一个备用。

（3）将花边移动到文胸的杯边位置，并按照线图中杯边波牙的方向调整花边的状态，如图 5-71 所示。

（4）由于是手绘线稿，线图边缘不清晰，用套索工具选择选区时不方便，所以要借助钢笔工具 ，在路径中进行选区的选择，如图 5-72 所示。

（5）对选择区域 A 进行反选，删除罩杯选择区域 A 以外部分的花边，如图 5-73 所示。

（6）用同样方式做罩杯另一部分选择区域 B 的花边填充，然后在背景图层中用橡皮擦工具 ✎ 擦掉花边波位的手稿线，如图 5-74 所示。

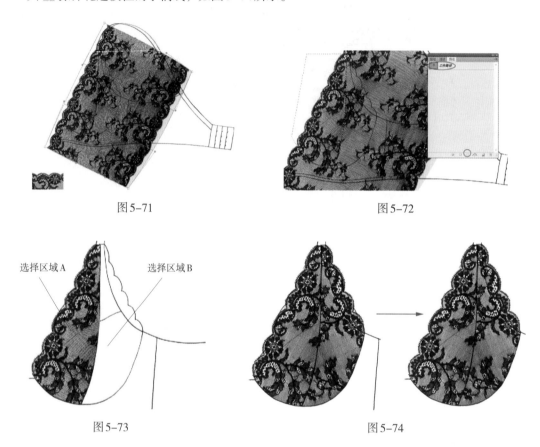

图 5-71

图 5-72

图 5-73

图 5-74

五、整体颜色填充

（1）内部罩杯颜色填充：使用钢笔工具 🖋 对文胸的内部罩杯进行选取，在工具栏中选择吸管工具 ✐，在花边较深的颜色上对罩杯进行取色。新建一个图层作为罩杯颜色的填充图层，并将图层的填充模式改为"正片叠底"。

选择画笔工具 ✐，设置画笔的属性，改变画笔笔刷大小及画笔的不透明度，如图 5-75 所示。

（2）耳仔位颜色填充：将对应的颜色填充至耳仔位置，如图 5-76 所示。

（3）制作罩杯（左侧）对称部分：将所有图层合并到一个图层上，用选择工具 ⬚ 选中右侧罩杯部分，然后复制做出它的对称部分，移动至对应的位置上，如图 5-77 所示。

用橡皮擦工具 ✎ 擦掉左侧后比多余的钩扣宽部分，再将两部分文胸部位合并到一个图层上，如图 5-78 所示。

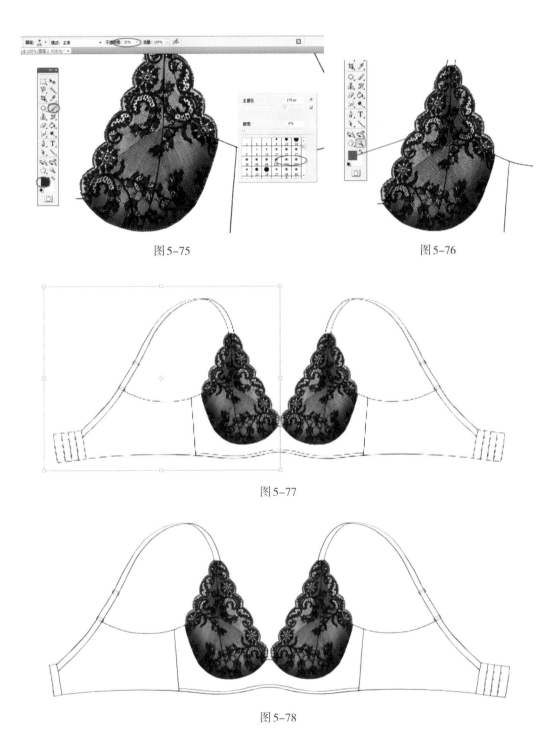

图 5-75

图 5-76

图 5-77

图 5-78

（4）肩带、钩扣（背扣）、下扒包边部分填色：新建一个图层，将图层的属性改为"正片叠底"，然后选择花边颜色中对应的颜色填充至肩带、钩扣、下扒包边区域，如图 5-79 所示。

图5-79

（5）下扒及后比部分填色：采用上述方法分别对下扒及后比用不同色阶填充颜色，如图5-80所示。

图5-80

（6）下扒网眼面料填充：选择填充工具 ，在填充图案中选择之前做好的网眼图案，并将这部分填充至所选中的下扒区域，如图5-81所示。

图5-81

用选择工具 选中网眼部分，将蓝色填充至选中的下扒区域，如图5-82所示。

图5-82

（7）用减淡工具做出肩带及下扒的高光部分，如图5-83所示。

图5-83

（8）完成后的全罩杯文胸整体效果如图5-84所示。为了美观和协调性，在前中的鸡心位置加一枚小花作为装饰。

图5-84

六、工艺设计

罩杯花边正面工艺图如图5-85所示，文胸背面结构如图5-86所示。

①罩杯蕾丝的工艺为双针开骨。

②下扒位为单线坎车色丁包边工艺，完成宽度0.7cm。

③后比工艺为上面人字落丈根，正面不见线迹做隐形工艺，丈根在两层面料之间，后比丈根宽度为1.5cm。

④罩杯内部为拼棉上、下杯结构。

⑤杯边车0.6cm小丈根。

⑥罩杯的夹弯位用单线坎车色丁包边工艺，完成宽度0.7cm。

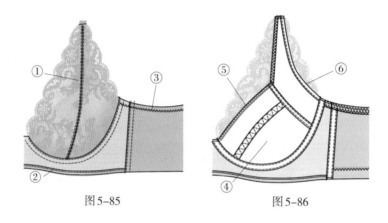

图5-85   图5-86

第五节　束裤设计图绘制

一、结构与配料

重压型束裤的面料弹性与回弹性要好，裤子主料为弹力拉架面料，里贴部分使用网眼面料，前中腹片有花边做装饰。束裤在设计上要严格遵循人体工学，结构要合理。首先要考虑产品在穿着时的功能，通常重压型束裤前腹片部位要起到收腹的作用，因此在前腹片位置可以考虑用无弹性面料，例如定型纱或者50支针织面料。束裤的腰部要起到收腰的作用，因此腰部要用弹性及回弹性好的面料，使用双层的材料以施加压力。束裤的臀部要求能提高臀高点，所以这个部位使用的面料与结构要有一定的提拉力。

二、线稿图绘制

使用AI软件绘制重压型束裤线稿图，并将其复制，按快捷键Ctrl+C，如图5-87所示。

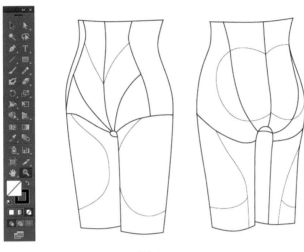

图5-87

打开PS软件，新建一个文件，将AI的线稿图粘贴到PS中，按快捷键Ctrl+V，然后在弹出的对话框中选择"像素"，并调整线图在图像中的大小，如图5-88所示。

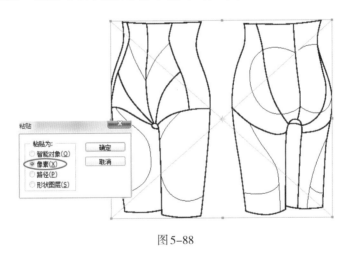

图5-88

三、面料颜色填充

在工具栏中选择魔棒工具 ，并设置参数，然后在线稿图的空白处单击鼠标左键，选择区域，如图5-89所示。

将这部分区域反选，接着在线稿图层和背景图层中间新建一个图层，将面料颜色填充进选择区域中，如图5-90所示。

然后在这个图层上新建一个图层，图层的填充模式为"正片叠底"，并将图层的不透明度改为50%，然后将前景色填充到对应区域，如图5-91所示。

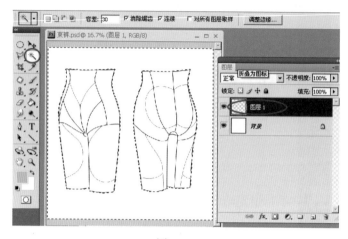

图 5-89

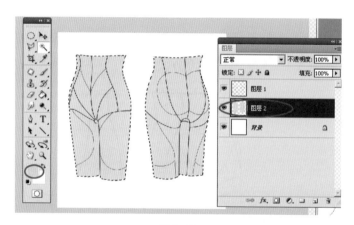

图 5-90

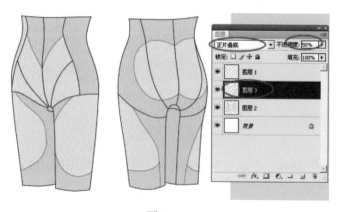

图 5-91

四、花边填充

将花边图层移动到线稿下方图层，并按比例调整花边大小，如图5-92所示。

旋转花边，分别将花边填充到腹片位置，如图5-93所示。

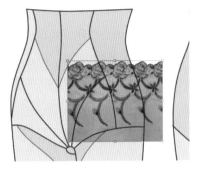

图5-92

五、工艺设计

工艺设计对于功能性内衣十分重要，设计师不仅要掌握人体工学知识，还要懂得缝纫机车的标准和性能。束裤工艺图如图5-94所示。

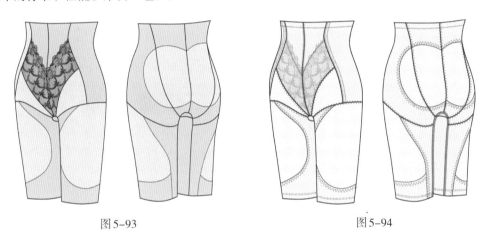

图5-93 　　　　　　　　　　　　图5-94

（1）花边与面料之间的缝纫工艺为人字相踏。

（2）裤腰头与丈根的连接工艺为人字落丈根，丈根宽2cm。

（3）后中靠下部分缩褶（底裆上3cm处向上8cm），长度8cm缩至5cm。

（4）里贴贴边的工艺为三针。

（5）裤口边的工艺用坎车（三线）折子口。

（6）裤腿夹内侧缝位为相踏坎车（四线）压线。

第六节　人物着装效果图绘制

人物着落效果图更容易表现出内衣款式与人体之间的关系与比例，能更好地展示内衣的款式结构。首先建立模板，之后在此基础上做款式的修改，可以用真实的人物图片做模板，也可以画一些能够展现出内衣效果的人体动态作为常用模板。

一、人物绘制

首先打开一个线图（可以是CD、AI、PS的线稿或手稿），如图5-95所示。新建一个图层，填充模式为"正片叠底"，如图5-96所示。

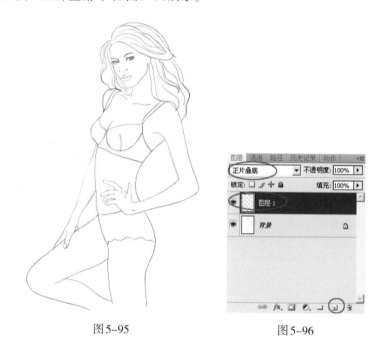

图5-95   图5-96

二、人体皮肤上色

在工具栏中单击前景色，在弹出的对话框中选择皮肤颜色，如图5-97所示。

在工具栏中选择框选工具 ▣，框选图中区域，接着将前景色填充该区域，如图5-98所示。

在工具栏选择磁性套索工具 🖉，选择区域将多余部分删除，按快捷键Delete，如图5-99所示。

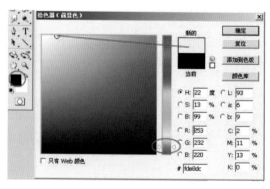

图5-97

图 5-98

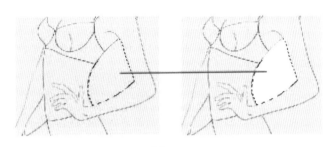

图 5-99

图 5-100

若删除的区域比较大，可以分几次操作，如图 5-100 所示。

在工具栏中选择魔棒工具 ，并设置魔棒属性，在肤色上单击鼠标左键，选中整个肤色区域，如图 5-101 所示。

选择画笔工具 ，将画笔模式设置为"正片叠底"，笔刷的不透明度设置为 50%，流量设置为 100%。然后在图中画出加深部分。

在绘画时通过"["")"键改变笔刷的大小，可以调整到适当状态，然后在图中用画笔进行上色，一些需要加重的位置画两次，如图 5-102、图 5-103 所示。

图 5-101

图 5-102

图 5-103

三、头发上色

在工具栏中单击前景色，在弹出的对话框中选择头发颜色，如图5-104所示。

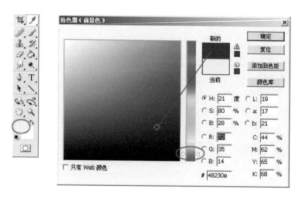

图5-104

在工具栏中选择框选工具 ▣，框选头发区域，然后新建一个图层，图层模式为"正片叠底"，接着将前景色填充头发区域，如图5-105所示。

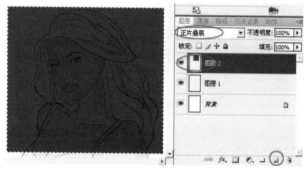

图5-105

在工具栏选择磁性套索工具 ⬚，选择虚线区域。为了便于观看效果，把这部分图层隐藏掉，如图5-106所示。

然后将图中的选区反选，快捷键Ctrl+Shift+I。打开图层，按Delete键去掉外面的蕾丝部分，然后Ctrl+D结束此步骤操作，如图5-107所示。

在工具栏中选择魔棒工具 ⬚，并设置魔棒属性，在头发上单击鼠标左键，选中整个头发区域，如图5-108所示。

选择画笔工具 ✐，将画笔模式设置为"正片叠底"，笔刷的不透明度设置为50%，流量设置为100%。然后在图中画出加深部分，如图5-109~图5-111所示。

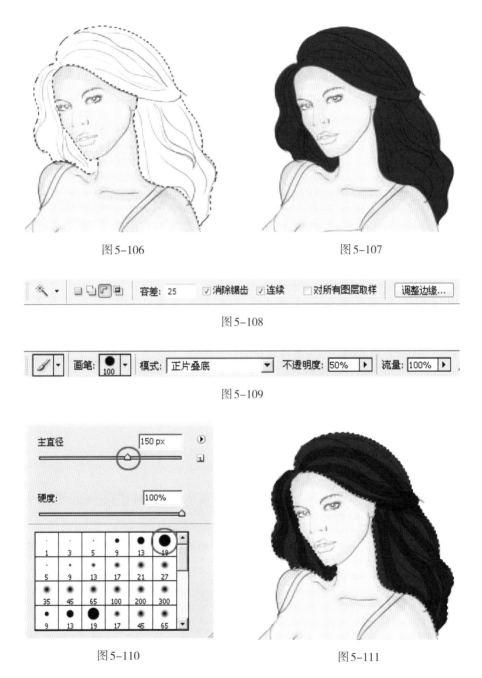

图5-106　　　　　　　　　　　　　图5-107

图5-108

图5-109

图5-110　　　　　　　　　　　　　图5-111

在工具栏中选择减淡工具 ，画出头发的高光效果，如图5-112、图5-113所示。

图5-112

图 5-113

四、化妆

新建一个图层，模式调置为"正片叠底"。

（1）眼睛部分：选择画笔工具 ✎，设置参数，如图5-114所示。

图 5-114

图 5-115

在绘画眼球部分时画两次颜色，注意要留空白位，如图5-115所示。

接着将画笔切换成喷笔模式对眼部上方进行上色，如图5-116、图5-117所示。

图 5-116

图 5-117

（2）唇部：在工具栏中单击前景色，在弹出的对话框中选择唇色，如图5–118所示。

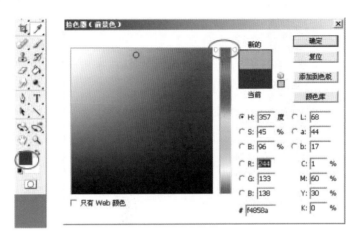

图5–118

选择画笔工具 ，设置参数，画出唇部，如图5–119所示。

图5–119

唇色多画出部分可选择橡皮擦工具 擦掉，接着选择减淡工具 和加深工具 对唇部颜色进行调整，如图5–120所示。

（3）脸部：设置画笔工具的笔刷为喷笔，模式为正片叠底，不透明度为30%，流量为50%，在眼部的下方上色，如图5–121、图5–122所示。

图5–120

图5–121

图 5-122

五、内衣绘制

（1）在工具栏中用选择工具 ，选择花边的文件，直接将花边拖至绘图区域。按 Ctrl+T 键，然后按住鼠标将花边拖曳至所需位置，如图 5-123 所示。

（2）在工具栏中选择魔棒工具，快捷键 W，容差设定为 30，按住键盘中的 Shift 键分别点选除花边外的部分。然后按 Delete 键去掉该部分颜色，如图 5-124 所示。

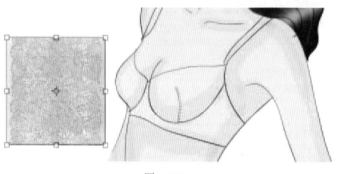

图 5-123

图 5-124

（3）更改花边图层模式。选择花边图层，将图层模式改为"正片叠底"。复制该花边图层以备用，快捷键 Alt 拖曳鼠标左键，为了不影响视觉效果可以将复制图层关掉。

（4）改变花边形状。在花边图层中，按 Ctrl+T 键，拖曳鼠标调整花边方向并移动到对应位置上，然后单击鼠标右键，在弹出的对话框中选择"变形"，如图 5-125 所示。

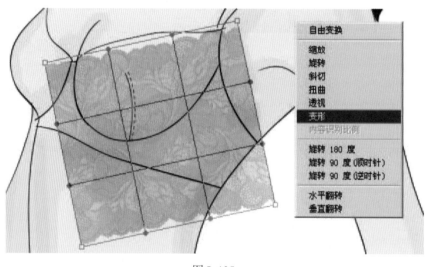

图 5-125

（5）接着将花边调整为与杯边相对应的弧形，按回车键结束此步骤操作，如图5-126所示。

（6）删除多余花边部分，用磁性套索工具选取罩杯内部的花边部分，如图5-127所示。

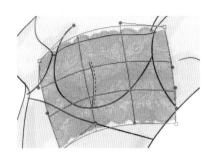 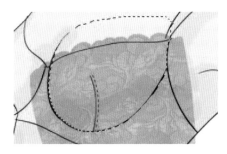

图5-126　　　　　　　　　　　　图5-127

（7）然后将图中的选区反选，快捷键 Ctrl+Shift+I。打开图层，按 Delete 键去掉外面的花边部分，然后按快捷键 Ctrl+D 结束此步骤操作，如图5-128所示。

用相同方法分别做出其他花边部分，如图5-129所示。

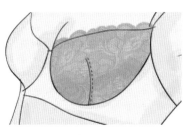

图5-128　　　　　　　　　　　　图5-129

（8）将这几部分的花边合并到同一个图层上。在背景层上双击鼠标左键，在弹出的对话框中设置参数，如图5-130所示。

图5-130

（9）在背景图层上新建一个图层，并将其用白色填充（图层4）。将背景图层拖至图层最上方（图层0为原来的背景图层），如图5-131所示。

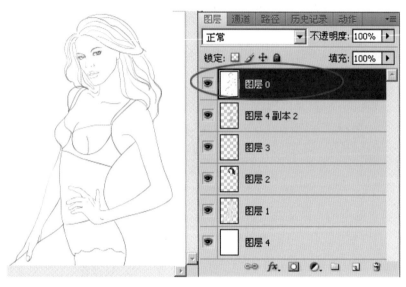

图5-131

（10）将原背景图层的图层模式更改为"正片叠底"，花边图层的图层模式更改为"正常"，如图5-132所示。在工具栏中选择橡皮擦工具，在背景图层（图层0）中擦去多余的花边线部分，如图5-133所示。

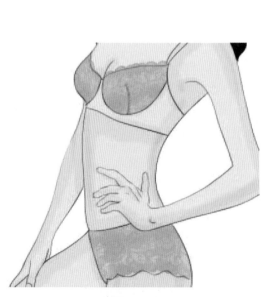

图5-132

图5-133

（11）选择花边图层，在工具栏中选择加深工具 ，对花边颜色进行加深，如图5-134所示。

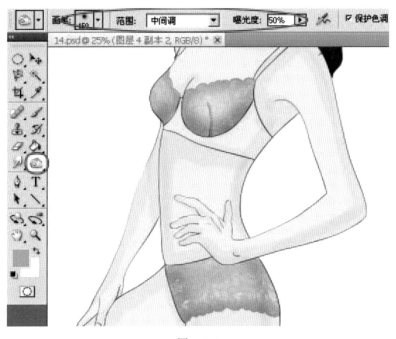

图5-134

（12）用磁性套索工具 选中图中区域，接着用吸管工具 ，选择花边中的蓝色为前景色，如图5-135所示。

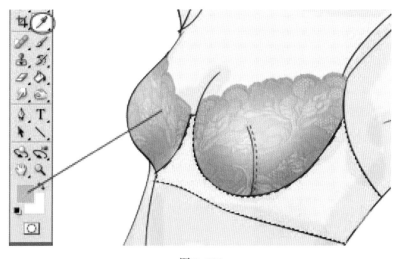

图5-135

（13）选择画笔工具 ，设置参数，在选区内上色，如图5-136所示。

（14）在工具栏中选择魔棒工具 ，设置参数，选择选区，如图5-137所示。

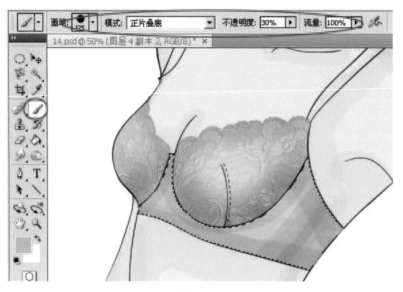

图 5-136

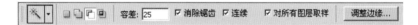

图 5-137

（15）将前景色填充进选区内，快捷
键 Alt+Delete，如图 5-138 所示。

（16）在工具栏中选择减淡工具 ，
将肩带中间颜色减淡，如图 5-139 所示。

（17）完成人物着装效果图绘制。

图 5-138

图 5-139

特别提示

在此类效果图图层的保存中，可以将图片直接合成，保存成JPG格式，或者另存为JPG格式。原有的PSD格式可以保存，作为基础图形，以便于以后调整蕾丝面料以及颜色的修改。

在效果图的制作中，通常为了方便打印，将其图像大小设置为A4打印纸的规格，即为21cm×29cm，图像分辨率为200~300像素/英寸。

还有一种就是用现有的人物当模板直接做效果图，这种绘图方法使得款式在人体结构中的位置显而易见，如图5-140所示。

图5-140

PART

6

第六章

系列化产品设计
实例与分析

内衣系列化是根据市场和消费者的需求对款式进行调配的产品，产品之间保持设计元素与物料的统一性，但每款产品都是独立的。产品不仅在款式上而且在尺码及性能方面会适合更多的消费人群。

第一节　基础大众款

一、产品设计构思

（一）季节与要求

春夏季的内衣产品，面料要求比较轻薄，设计要求简洁大方、实用。本系列产品的消费人群年龄定位在20~30岁，多为大学生一族及追求时尚与品质的年轻人。在产品上不做过多装饰，整个产品架构为走量款。

（二）产品结构

三件文胸、两条内裤、一件吊带。吊带在整个产品结构中起配搭作用。

文胸杯型：低心位3/4模杯款（中厚模杯）；A、B杯，尺码70~85；

抹胸款（3/4薄模杯）；B、C杯，尺码70~85；

3/4模杯款（中厚模杯）；B杯，尺码70~85。

内裤款：中腰平脚裤；

低腰三角裤。

吊带款：吊带式背心。

（三）物料

面料采用有无痕独边网眼面料和有光泽的超细面料；肩带为1.2cm宽有光泽；内裤丈根为0.8cm无芽边。

（四）产品颜色

肤粉色、浅灰色、黑色，如图6-1所示。通常在产品开发前期会有实物打色作为参考用色。

图6-1

二、设计效果图与设计说明

该系列产品设计在色彩上追求自然，在款式上简洁时尚。造型基础、线条流畅。

（1）低心位3/4模杯款及后比U型比设计，如图6-2所示。

图6-2

（2）抹胸款（3/4薄模杯）及后比直比设计，如图6-3所示。

图6-3

（3）3/4模杯款（中厚模杯）及后比U型比设计，如图6-4所示。

（4）中腰平脚裤，如图6-5所示。

（5）低腰三角裤，如图6-6所示。

（6）吊带式背心，如图6-7所示。

图6-4

图6-5

图6-6

图6-7

三、工艺说明

工艺设计是体现内衣效果图到内衣成品转换的必须阶段，它使内衣的结构更合理、更实用。工艺设计的完善直接影响到内衣的外观与穿着效果。

在设计上没有表现完整的，要在工艺上附加说明，没有说明的一般会用常规工艺来完成产品制作。只要不是常规工艺都要附加工艺说明。

在设计版单中要注明各种面、辅料的使用部位；文胸杯型有模杯的款式要注明模杯型号；肩带丈根要注明型号及规格；包括所用背扣的规格及型号都要注明。

第二节　主推款

一、产品设计构思

（一）季节与要求

春夏季的内衣产品，面料要求轻薄，设计要求通透有质感，款式要求有设计感；消费年龄层在28~35岁，追求时尚、实用、自然的年轻女性。

（二）产品结构

三件文胸、两条内裤。

文胸杯型：3/4模杯款（中厚模杯）；A、B杯，尺码70~85；

　　　　　3/4杯低心杯款（夹棉）；C、D杯，尺码75~90；

　　　　　全罩杯款（薄模杯）；B杯，尺码75~90。

内裤款：低腰三角裤；

　　　　中腰平脚裤。

（三）物料

经编花边（图6-8）与通透的网眼面料搭配。肩带规格1.5cm，内裤脚口丈根规格0.8cm。包边条、捆碗织带均为有光泽的双拉面料裁捆条再做车缝。

（四）产品颜色

粉色、灰绿色、黑色，如图6-9所示。

图6-8

二、设计效果图与设计说明

该系列产品色彩上舒适自然，返璞归真。撞色的搭配与印花花型的色彩相呼应。

（1）3/4模杯款（中厚模杯）及后比直比设计，如图6-10所示。

图6-9

图6-10

（2）3/4低心杯款（夹棉）及后比U型比设计，如图6-11所示。

（3）全罩杯款（薄模杯）及后背做背心式设计、带内置，如图6-12所示。

图6-11

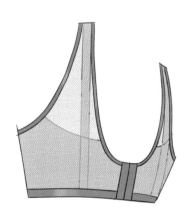

图6-12

（4）低腰三角裤，如图6-13所示。

（5）中腰平脚裤，如图6-14所示。

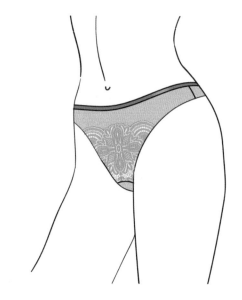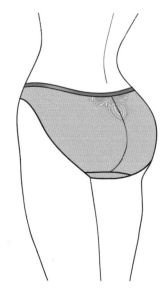

图6-13

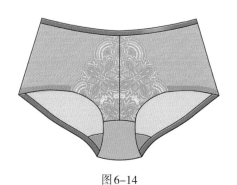

图6-14

三、工艺说明

（1）款式以常规工艺操作。

（2）文胸款的背扣宽均为5.7cm。

第三节　形象款

一、产品设计构思

（一）季节与要求

秋冬季的内衣产品，颜色要求有视觉冲击感，款式要求华丽而不张扬。消费年龄层在30~40岁，成熟追求品质的时尚女性。

（二）**产品结构**

两件文胸、两条内裤、一件睡衣。

文胸杯型：3/4模杯款（厚杯模）；B杯，尺码70~85；

　　　　　全罩杯款（薄款单层）；C杯，尺码75~90。

内裤款：中腰平角裤；

　　　　中腰三角裤。

睡衣款式：睡裙。

（三）**物料**

面料采用通透的网眼面料和刺绣花边（图6-15），用有弹力的真丝色丁面料裁捆条作为包边使用。

（四）**产品颜色**

花色。

图6-15

二、设计效果图与设计说明

（1）3/4模杯款及后比U型比设计，如图6-16所示。

图6-16

（2）全罩杯款及后比直比设计，如图6-17所示。

（3）中腰平脚裤，如图6-18所示。

（4）中腰三角裤，如图6-19所示。

（5）睡裙，如图6-20所示。

图6-17

图6-18

图6-19

图6-20

三、工艺说明

（1）款式按常规工艺操作。

（2）文胸捆碗均为倒捆工艺。

（3）3/4模杯款式前幅肩带与花边耳仔的接缝位置烫钻，全罩杯款式鸡心下扒位置烫钻，内裤前中位置烫钻，睡衣前中位置烫钻。

第四节　调整型内衣经典系列

一、产品设计构思

（一）季节与要求

适合四季的塑身内衣产品，面料为六角网眼布，比较透气、弹性好。消费人群为25~50岁，塑造身材的女性。在整个产品架构中为主推经典款。

（二）产品结构

文胸、腰夹、束裤、内裤。

文胸杯型：3/4杯，A、B、C、D、E、F、G、H杯拼棉文胸，尺码：70~100。

腰夹：塑型腰夹，尺码：64~114。

束裤：高腰长束裤，尺码：64、70、76、82、90、100、114。

内裤：中高腰底裤，尺码：64、70、76、82、90、100、114。

（三）物料

主面料为六角网眼布，采用先进的曼陀罗编制法纺纱技术，将原纤维高效纺织成线，以此达到良好的锁脂效果；经典双色刺绣花边，华丽浮雕，呈现立体饱满效果；肩带为2cm。

（四）产品颜色

肤色。

二、设计效果图与设计说明

在色彩上选择经典肤色，在功效上注重塑型，重塑丰满胸型，展现迷人轮廓，还原沙漏蜂腰；采用刺绣花边，双色刺绣花边撞色搭配，用细线股线勾勒出大气优雅。浪漫的刺绣彰显女性的独立与优雅，花边华丽浮雕效果立体饱满，绣线搭配股线，尽显浪漫和时尚。

（1）文胸+腰夹，如图6-21所示。

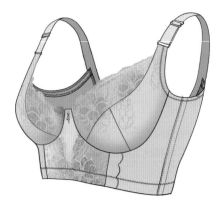

图6-21

（2）束裤+内裤，如图6-22所示。

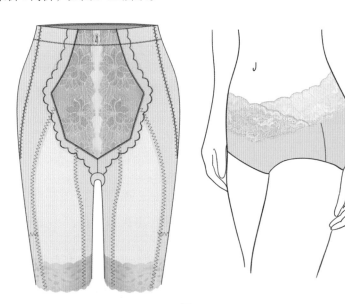

图6-22

三、工艺说明

（1）长胸衣：罩杯采用三片式剪裁杯型，下扒加长稳定性更好，侧比加高双针栋比，加宽后比为大U型，加宽排扣式设计。

（2）短文胸：罩杯采用三片式剪裁杯型，加高侧比双针栋比，后比为大U型，排扣长9cm。

（3）腰夹：分区剪裁，6根钢骨，贴合腰部曲线，前幅三层无弹加压。

（4）束裤：中腰设计，前中菱形三层无弹加压平腹，臀杯立体拼接，腿部和臀杯分区不同裁片加压。

（5）底裤：中高腰三角裤，腰头花边交叉，裤脚坎车压薄丈根。

第五节 调整型内衣时尚系列

一、产品设计构思

（一）季节与要求

适合秋冬，局部强塑内衣产品，面料为六角网眼布，设计为撞色款式。消费人群为25~50岁，对四肢有塑型要求的女性。

（二）产品结构

长胸衣、中袖衣、长束裤、底裤。

文胸杯型：低心位3/4杯，A、B、C、D、E、F、G、H杯，尺码：70~100。

中袖衣：纤瘦腰背曲线中袖衣，尺码64~114。

长束裤：高腰长束裤，尺码：64、70、76、82、90、100、114。

底裤：撞色底裤，尺码：64、70、76、82、90、100、114。

（三）物料

面料为六角网眼布，采用六角菱形编织法，呈蜂窝状，回弹力优越，重压塑型，透气高弹，肩带为1.8cm。

（四）产品颜色

焦琥珀色。

二、设计效果图与设计说明

在色彩上选择焦琥珀色作为主色调，搭配波点底纹与几何花型结构，形成强烈的颜色对比，营造出高级感和深邃感。打破传统塑身衣的风格，整体简洁大气。

（1）中长胸衣+撞色底裤，如图6-23所示。

（2）中袖衣+长束裤，如图6-24所示。

图6-23　　　　　　　　　　　　　图6-24

三、工艺说明

（1）中长文胸：五片式剪裁拼接罩杯，加长下扒辅助平复胃脯，侧比加高双针栋比，后比为大U型，排扣长13cm。

（2）中袖衣：中袖手臂位X交叉裁片加压，后背X型贴片交叉，腰部6根钢骨分区支撑。

（3）长束裤：中腰九分裤，前幅三层无弹加压，臀杯立体剪裁，腿部环行贴片加压。

（4）底裤：中高腰三角裤，撞色设计，腰头花边与薄网对折拼接，裤脚采用人字车拼接花边。

特别提示

产品设计不只是画效果图，效果图只是实现产品设计的工具。在产品设计中要学会组料、配色等相关知识。而且产品开发期间还要考虑各个材料的货期及产品的上市期，以免错过最佳销售季节。并且在产品开发前期要定位消费人群，并根据此消费群体制定相应的内衣尺码、颜色及产品属性。